Leo Jorbenadze
Tengiz Urushadze
Ilia Kunchulia

Propriedades físicas dos solos da Geórgia

Leo Jorbenadze
Tengiz Urushadze
Ilia Kunchulia

Propriedades físicas dos solos da Geórgia

M. Sabashvili Institute of Soil Science,
Agrochemistry and Melioration Universidade
Agrícola da Geórgia

ScienciaScripts

Imprint

Any brand names and product names mentioned in this book are subject to trademark, brand or patent protection and are trademarks or registered trademarks of their respective holders. The use of brand names, product names, common names, trade names, product descriptions etc. even without a particular marking in this work is in no way to be construed to mean that such names may be regarded as unrestricted in respect of trademark and brand protection legislation and could thus be used by anyone.

Cover image: www.ingimage.com

This book is a translation from the original published under ISBN 978-3-330-06077-7.

Publisher:
Sciencia Scripts
is a trademark of
Dodo Books Indian Ocean Ltd. and OmniScriptum S.R.L publishing group

120 High Road, East Finchley, London, N2 9ED, United Kingdom
Str. Armeneasca 28/1, office 1, Chisinau MD-2012, Republic of Moldova, Europe
Printed at: see last page
ISBN: 978-620-7-76878-3

Conteúdo

CAPÍTULO 1

Introdução

As informações sobre os solos da Geórgia são suficientemente generalizadas [1-3]. Neste caso, é muito importante ter resultados sobre a física do solo [4]. As propriedades da física do solo e os processos físicos no solo determinam em grande parte as direcções do processo de formação do solo, o crescimento das plantas e as condições de desenvolvimento [75]. A física do solo está intimamente ligada à agricultura e ao melhoramento. Para estes fins, o principal objetivo é melhorar as principais propriedades físicas do solo. As propriedades físicas do solo são consideradas durante o planeamento de abordagens agrotécnicas e, ao mesmo tempo, são a base dos trabalhos de melhoramento.

A Geórgia é um país montanhoso do Cáucaso, vizinho da Rússia, do Azerbaijão, da Arménia e da Turquia. A Geórgia caracteriza-se por uma grande variedade de tipos de solo no seu pequeno território, que inclui muitos solos do mundo. Este facto pode ser explicado pela enorme variedade de factores de formação do solo a curta distância. Por isso, o Professor V.V. Dokuchaev, um dos fundadores da moderna ciência dos solos no final do século XIX, chamou à Geórgia um "Museu dos Solos a céu aberto".

Os solos da Geórgia distinguem-se pela diversidade relacionada com o carácter misto da formação do solo. As condições geológicas, geomorfológicas e climáticas mudam em distâncias comparativamente curtas, o que condiciona um rico espetro de formação do solo, juntamente com a diversidade da vegetação, do mundo animal e da idade da superfície.

A cobertura do solo da Geórgia tem sido estudada mais ou menos em pormenor por investigadores nacionais e estrangeiros. É importante notar que foi delineada uma série de novos solos (cinamónico, cinamónico dos prados, floresta castanha amarela, floresta castanha preta), alguns dos quais foram mais tarde reconhecidos a nível mundial. As informações sobre os solos da Geórgia são suficientemente generalizadas [1-3]. Neste caso, é muito importante ter resultados sobre a física do solo [4].

CAPÍTULO 2

Objectivos

No artigo são generalizados índices como permeabilidade à água, densidade aparente, densidade de partículas, porosidade total, porosidade capilar, porosidade não capilar, capacidade de água capilar, teor de água de saturação, capacidade de campo, ponto de murcha permanente, teor de água hidroscópica, água produtiva, poros com ar. Estes índices foram determinados nos principais solos da Geórgia: Vermelho (Ferralic Nitisols, Haplic Nitisols), Amarelo (Ferric Luvisols), Pântano (Dystric Gleysols, Eutric Gleysols, Histosols), Amarelo podzólico (Stagnic Acrisols, Ferric Acrisols), Amarelo floresta castanha (Stagnic Luvisols, Mollic Luvisols, Humic Luvisols, Ferric Luvisols), Floresta castanha (Humic Cambisols, Ferric Cambisols, Eutric Cambisols, Dystric Cambisols), Carbonato bruto (Rendzic Leptosols), Cinamónico cinzento (Calcic Kastanozems, Vertic Kastanozems), Cinamónico cinzento dos prados (Haplic Kastanozems, Gleyic Kastanozems, Vertic Kastanozems), Cinnamónico (Chromic Cambisols, Calcaric Cambisols, Humic Cambisols, Eutric Cambisols), Meadow cinnamonic (Chromic Cambisols, Calcaric Cambisols, Gleyic Cambisols, Eutric Cambisols), Negros (Haplic Vertisols), Chernozems (Voronic Chernozems, Calcaric Chernozems), Prados de montanha (Hyperdistric Umbrisols), Solos salinos (Vetric Solonchaks, Mollic Solonetz), Aluviais (Gleyic Fluvisols, Eurtic Fluvisos, Dystric Fluvisols).

Segundo Tengiz F. Urushadze, Winfried E.H. Blum [3] os solos da Geórgia têm muitos índices originais.

Os solos vermelhos caracterizam-se pela cor vermelha, pela argilização e, geralmente, pela grande profundidade do solo. O perfil do solo apresenta os seguintes horizontes: A-AB-B-BC-C. A ferrallitização passa por vários estágios.

Na primeira fase da meteorização, durante a hidrólise intensiva dos minerais primários e a libertação de bases e sílica livre, ocorre a formação de montemorilonite. Na fase seguinte da meteorização, quando a espessura do solo aumenta e as bases são perdidas, os solos tornam-se mais ácidos. Parte da montmorilonite é perdida por processos de desnudação, enquanto o restante material de meteorização é transformado no local. Finalmente, forma-se um solum com elevado teor de argila. A formação de solos vermelhos necessita de condições de drenagem e lixiviação intensivas, sendo necessária uma meteorização intensa e longa para a formação destes solos. Por isso, estes solos encontram-se em regiões tropicais e subtropicais húmidas, onde os processos de meteorização e de formação de solos têm ocorrido continuamente desde o período terciário sob condições de temperatura e humidade permanentemente elevadas.

Os solos amarelos são caracterizados por cores amarelas, argilização e, normalmente, por perfis profundos. Os solos apresentam os seguintes horizontes: AO-A-AB-B-BC-C. A distribuição e as propriedades dos solos amarelos são determinadas pela influência das rochas-mãe. Durante os processos de formação do solo, ocorre uma mobilização de ferro paralela à formação de hidróxidos de ferro. Este último determina a cor amarela dos solos. A forte formação de hidróxidos nos solos amarelos é determinada pelas propriedades internas, especialmente pela estrutura do solo e pela capacidade de retenção de água.

Os solos orgânicos pantanosos e pantanosos encontram-se principalmente na planície de Kolkheti (22O.OOOha). Esta última representa um triângulo entre Kobuleti, Ochamchire e Samtredia. Os solos pantanosos são encontrados esporadicamente na Geórgia Oriental e do Sul. As interpretações da formação de pântanos na planície de Kolkheti são muito diferentes. Segundo alguns cientistas, a formação de pântanos está ligada à precipitação e à água superficial dos leitos dos rios. Segundo outros, os processos de formação de pântanos estão ligados às águas subterrâneas e às águas solo-terra.

Os solos podzólicos amarelos são caracterizados por perfis nitidamente diferenciados com a seguinte sequência de horizontes: A-AlA2-A2(g)-Bl-B2-BC-C. As principais características diagnósticas do solo são um horizonte eluvial bem expresso, que é pobre em silte e sesquióxidos, e um horizonte iluvial castanho-amarelado. Os solos podzólicos amarelos distinguem-se dos podzóis verdadeiros pelas condições de formação do solo (clima subtropical, rochas-mãe ricas em ferro). Como resultado, nestes solos não ocorre uma podzolização "real" ou meteorização de minerais primários e secundários e a sua translocação no perfil. O perfil de um solo podzólico amarelo é o resultado dos chamados processos "pseudopodzólicos", a lixiviação de partículas finas, principalmente argila e gleyização superficial. O processo de "lessivagem" determina a formação de camadas de solo com impedimento de drenagem. Os solos são caracterizados por períodos de elevada humidade e horizontes superiores húmidos e por alterações nas condições redox. Durante a humidade elevada, os óxidos de ferro (Fe2O3) tornam-se móveis nestes horizontes. Nos períodos secos, a oxidação do Fe ocorre em resultado de condições aeróbicas. Os compostos de ferro reduzido são lixiviados e acumulados nos horizontes iluviais. O ferro, que permanece nos horizontes superiores, não aparece como óxidos e, por isso, desenvolve-se uma cor amarela-pálida. Investigações recentes provam que em solos podzólicos amarelos também pode ocorrer uma podsolização "real".

Os solos florestais castanho-amarelos são caracterizados por um húmus bem expresso e um horizonte iluvial castanho-amarelado. O perfil do solo tem normalmente os seguintes horizontes: A-AB-Bl-B2-Cl-C2ouA-Bl- B2-Cl-C2ouA-AB-B-BlB2-BC.Os principais índices de diagnóstico são bem expressos por húmus e um horizonte B castanho-amarelado com intemperismo alítico e alto teor de óxido de ferro. A formação do solo florestal castanho-amarelado combina a formação de um solo florestal castanho e de um solo amarelo. Como resultado, eles têm muito em comum. Finalmente, esta combinação de processos leva a novas propriedades. Na formação do solo da floresta castanha amarela, os processos de renovação biológica são de particular importância. Esta atividade biológica limita o processo de podzolização. Através da intemperização intensiva de minerais primários e da formação de minerais secundários, são acumulados diferentes sesquióxidos. Como resultado, o processo de intemperismo corresponde à ferrallitização.

Os solos florestais castanhos são caracterizados por um perfil fracamente diferenciado, embora por vezes, devido à formação de argila na parte central do perfil, seja visível uma diferenciação textural. Consequentemente, pode ocorrer uma gleyização superficial. O perfil do solo tem os seguintes horizontes: AO - A - Bm - C. A principal caraterística de diagnóstico é a argila metamórfica no horizonte Bm. O desenvolvimento de solos de floresta castanha ocorre sob as seguintes condições ecológicas 1) florestas de caducifólias, coníferas ou coníferas largas com cobertura de gramíneas bem desenvolvida, que se caracteriza por processos intensivos de renovação biológica de N e Ca; 2) predominância da precipitação sobre a evaporação, o que determina a lixiviação da água nos solos; 3) drenagem livre entre solos, que está relacionada com a distribuição de solos de floresta castanha em encostas; 4) geadas sazonais curtas (raramente) que suportam processos intensivos de intemperismo e o desenvolvimento de minerais secundários; 5) formação de solos relativamente jovens devido a uma tendência de formação transitória de outros tipos de solos. Com base nestas condições, os solos da floresta castanha desenvolvem os seguintes processos básicos 1) formação de húmus e acumulação de húmus, que determinam a formação de um horizonte de húmus castanho escuro sob a camada de folhada; 2) formação de argila sialítica em todo o perfil com transferência insignificante de produtos de meteorização e formação de um horizonte dominado por argila sob o horizonte de húmus. Os solos formados por estes processos apresentam geralmente um perfil castanho monótono, desenvolvido em encostas drenadas. Com o aumento da altitude, a qualidade da humificação diminui. Uma humidade moderada permanente do solo e uma duração significativa de períodos climáticos quentes sem geadas favorecem a desintegração dos minerais primários e a formação de minerais secundários. Por conseguinte, a formação de argila é um processo caraterístico na formação de solos florestais castanhos. Com a acumulação de argilominerais secundários, como a ilite e a montmorilonite, e de óxidos de ferro livres, combina-se a formação de produtos facilmente móveis, por exemplo, sais simples. Estes podem ser lixiviados pela água de drenagem. Mesmo sem carbonatos e sem a formação de solo sob vegetação florestal, em solos típicos de floresta castanha a podsolização é quase inexistente. Isto pode ser explicado pela renovação biológica do material do solo e dos elementos, incluindo os sais de cálcio, pela atividade das raízes das árvores florestais. Além disso, a decomposição da folhada orgânica é apoiada por bases. Os ácidos húmicos são neutralizados por processos de humificação. Este facto enfraquece ou exclui a influência dos ácidos livres na solubilização dos minerais primários. Apesar da predominância de ácidos fúlvicos, a reação do solo permanece fracamente ácida em todo o perfil do solo. Por conseguinte, os sesquióxidos são menos móveis e acumulam-se gradualmente na parte superior do perfil. Os longos períodos quentes e húmidos aumentam a mineralização da matéria orgânica. Por conseguinte, o teor total de húmus nos solos de floresta castanha é moderado. Uma quantidade significativa de elementos, que é absorvida pelas raízes das árvores em horizontes profundos, acumula-se relativamente no solo. Devido ao elevado teor de minerais de argila e sesquióxidos, os solos da floresta castanha caracterizam-se por uma capacidade de troca catiónica comparativamente elevada. Em termos de evolução e tipologia, os solos da floresta castanha representam uma fase definida do desenvolvimento do solo. O seu antecessor é o solo calcário bruto não desenvolvido. Em condições de planície e com um excesso de água superficial, pode desenvolver-se num solo podzólico (pseudopodzólico). A formação de solos florestais castanhos é caracterizada pela lixiviação de catiões através do movimento descendente da água e pela acumulação biológica de uma camada de folhada e de um horizonte de húmus.

Os solos carbonatados crus são caracterizados por perfis fracamente diferenciados. Os perfis do solo têm normalmente os seguintes horizontes: AO-A-AB-BC. Formam-se principalmente na zona florestal sobre rochas carbonatadas (por exemplo, calcário, mármore, dolomite e argila calcária) e são caracterizados por um regime de humidade de lixiviação ou lixiviação periódica. O solo tem um horizonte de húmus bem expresso com uma elevada capacidade de troca. As rochas-mãe dos solos carbonatados brutos (calcário e argila calcária) contêm os principais óxidos (SiO_2, AL_2O_3, Fe_2O_3) em quantidades insignificantes. As plantas litófilas como líquenes, musgos e outras que crescem sobre estas rochas contêm duas vezes mais sílica, sete vezes mais AL_2O_3 e cinco vezes mais Fe_2O_3 do que a própria rocha. Como resultado desta acumulação biológica de elementos pela vegetação, a terra fina torna-se rica nos principais óxidos, principalmente através de árvores e gramíneas calcífilas. Este processo tem o carácter de formação de um solo de relva, que se deve a uma capacidade de absorção altamente selectiva da vegetação. Os resíduos da vegetação são ricos em cinzas. Os solos são caracterizados por uma acumulação intensiva de húmus. Os processos intensivos de formação do solo são determinados principalmente pelo conteúdo petrográfico das rochas e pelas condições de relevo. A acumulação mais intensa de húmus ocorre em solos que se desenvolvem sobre calcário, menos sobre dolomite e argilas calcárias. Como resultado da evolução sob a influência das condições climáticas e da vegetação, estes solos apresentam características de transição em direção aos solos rendzicos de floresta castanha e aos solos rendzicos-cinamónicos.

Os solos cinzentos cinamónicos são caracterizados por perfis menos diferenciados que apresentam os seguintes horizontes: ACa-BmCa-BCam-BCCa. As principais características de diagnóstico são o baixo teor de húmus e carbonatos, na parte média do perfil uma argilização bem expressa e a presença de carbonatos perto da superfície. As propriedades dos solos cinzentos cinamónicos estão relacionadas com as condições bioclimáticas. O regime hídrico deste solo é não eluvial. O processo de formação do solo enquadra-se nas condições de um défice intensivo de humidade durante muito tempo. Como resultado, os resíduos de vegetação e o húmus recém-formado sofrem uma mineralização intensiva. As peculiaridades das condições climáticas das regiões subtropicais secas (temperatura elevada em combinação com um curto período de humidade suficiente) determinam a meteorização interna do solo com acumulação de argila, hidróxidos de ferro e carbonato. No período húmido, as soluções do solo (predominam os hidrocarbonatos de cálcio e magnésio) são lixiviadas, mas nos períodos secos ocorre a ascensão capilar.

Os solos cinzentos cinamónicos de várzea caracterizam-se por um perfil não diferenciado e, em comparação com os solos cinzentos cinamónicos, por um perfil mais profundo, com sinais de gley em todo o perfil e com uma argilização intensa. O perfil do solo apresenta normalmente os seguintes horizontes: ACa(g) - BtCa(g)-BCat(g) -BCCag-Cg. Os solos cinzentos cinzentos de prado são formados sob condições de tipos específicos de regime hídrico. As condições hidrológicas desempenham um papel especial na formação destes solos. A formação de solos do tipo prado é apoiada, em primeiro lugar, pela influência da água subterrânea. Um papel significativo é também atribuído a factores antropogénicos. Como resultado da irrigação, a água excedente no subsolo move-se numa direção lateral, formando assim água subterrânea, que influencia o processo de formação do solo.

Os solos cinamónicos caracterizam-se por uma clara diferenciação de cores, um balanço hídrico negativo e um distinto processo de argilização. O perfil do solo tem normalmente os seguintes horizontes: A-B(Ca)- BC(BCCa)-CCa. As principais características de diagnóstico são um horizonte com formação de argila e carbonatos de cálcio ao longo do perfil. Os regimes hídricos e térmicos são determinados pelo ritmo bioclimático peculiar da região mediterrânica, com Verões quentes e secos, primavera intensa e vegetação outonal pouco expressiva (devido à precipitação) com períodos de inverno curtos e frios. Estas características determinam o processo de formação do solo em "duas fases". Durante a primavera e o outono húmidos e quentes, os processos biológicos e químicos são muito intensos, os sais e os carbonatos são lixiviados no perfil do solo. A formação intensiva de húmus e a meteorização ocorrem com uma acumulação de argilas e hidróxidos de ferro. No verão, quando os solos cinamónicos estão quase sem humidade, dá-se a condensação do húmus e o processo de polimerização. O movimento geral das soluções do solo é ascendente. O verão seco determina uma subida capilar da água juntamente com os solutos, entre eles o Ca(HCO3)2 dos horizontes inferiores para a superfície. Uma nova formação de carbonatos de cálcio, que são cristalizados em torno dos capilares, ocorre, formando um tipo de pseudo-micélio. A subida periódica das soluções do solo provoca uma reação alcalina na parte superior do solo e uma elevada saturação de bases do complexo de adsorção. Nos solos cinamónicos ocorre o processo de rubificação, que provoca uma cor cinamónica brilhante do solo. Os óxidos de ferro livres transportados por processos de lixiviação são desidratados durante o período seco e formam películas. Na superfície das partículas do solo, produzem a cor específica nos horizontes argilosos. Normalmente, a cor mais avermelhada do solo indica a região mais árida.

Os solos cinamónicos de várzea caracterizam-se por uma diferenciação do perfil pouco expressiva, mais profunda do que nos solos cinamónicos, em todo o perfil ou nas suas partes inferiores com sinais de gleização, com horizontes carbonato-iluviais pouco expressos. O perfil do solo apresenta os seguintes horizontes: A-AB-B-BC-C ou A11-A111-B1-B2-BC. A génese dos solos cinamónicos de prado está ligada à evolução do coberto vegetal e à influência antropogénica. O corte da vegetação florestal aumentou o nível do lençol freático que, por sua vez, facilitou o processo de prado. As cores escuras do perfil, uma humificação profunda, uma neoformação de carbonatos pouco expressiva e a ausência de um horizonte iluvial carbonatado são típicos do processo de prado.

Os solos negros (os chamados chernozems de planície) caracterizam-se por uma diferenciação claramente expressa, horizontes de húmus poderosos, elevada compacidade e textura argilosa. O perfil do solo apresenta normalmente os seguintes horizontes A-B(Ca)-BC(BCCa)-CCa.Os principais caracteres diagnósticos são a cor preta da resina na parte superior do perfil (geralmente com brilho lustroso), a carbonatização e a argilização na parte média. A formação dos solos negros está relacionada com a evolução das planícies aluviais, lagos e outras formas de depressão no final do período terciário, quando grandes áreas ficaram secas e o nível das águas subterrâneas se tornou muito mais baixo. Como resultado, a vegetação de estepe florestal tornou-se dominante. No entanto, a formação dos solos negros na depressão do lago (Shiraki) foi bastante diferente. No início do período quaternário, como resultado do degelo dos glaciares, as depressões foram inundadas e as áreas sem água foram ocupadas por prados húmidos. Com isto, a vegetação de estepe florestal tornou-se dominante. Na região de Kakheti Exterior, em condições menos áridas, desenvolveram-se solos negros, mas nas zonas mais áridas desenvolveram-se os solos cinzento-cinamónicos. As principais características dos solos negros (forte argilização, pouca humificação e CEC elevado) foram causadas pela influência de um clima subtropical. Assim, os solos negros passaram por uma fase de desenvolvimento hidromórfico, durante a qual se verificou a acumulação de matéria orgânica e processos de meteorização. Mais tarde, o solo desenvolveu-se em condições automórficas, acompanhadas por uma alteração da humidade e das condições de meteorização. A utilização agrícola longa e intensiva provoca uma perda considerável de húmus nas partes superiores dos solos, com poucas alterações nas partes inferiores.

Os chernozems (os chamados chernozems de montanha) caracterizam-se por um horizonte de húmus espesso. O perfil do solo tem normalmente os seguintes horizontes: A11-A111-AB-BC. A formação de chernozems está relacionada com a formação de prados secundários após o desaparecimento das florestas subalpinas e a formação de lagos.

Os solos dos prados de montanha são caracterizados por perfis não diferenciados. O perfil do solo tem normalmente os seguintes horizontes: At-A-B-BC. Os principais sinais de diagnóstico são um horizonte de húmus bem expresso sobre um pequeno horizonte de meteorização. Os solos dos prados de montanha são formados principalmente por produtos de meteorização de rochas compactas e ocupam todas as posições das partes superiores das montanhas e das encostas. As condições climáticas são caracterizadas por um excesso de precipitação. A precipitação excede 2-3 vezes a evaporação, o que determina a hidrologia dos solos. As condições climáticas extremas (limitação do período de vegetação, geadas e neve durante o inverno, etc.) intensificam a meteorização física das rochas e dos minerais e limitam a meteorização química. O coberto vegetal é constituído por prados de gramíneas médias-subalpinas e de gramíneas baixas-alpinas e, por vezes, por arbustos. O perfil do solo caracteriza-se por uma fraca diferenciação e pouca profundidade, uma elevada saturação de bases (que diminui com a profundidade) e uma elevada permeabilidade à água (que também diminui nos horizontes inferiores). Contêm uma grande quantidade de húmus. Existem muitos compostos fracamente humificados, o que lhes confere um carácter "grosseiro". No húmus predominam os ácidos fúlvicos. Na parte mineral do solo existe um elevado teor de óxidos de ferro livres. O solo é caracterizado por uma reação ácida, uma baixa saturação de bases e uma fraca capacidade de saturação.

Os solos salinos reúnem solonchaks e solonetzes. Os solonchaks contêm sais solúveis até à superfície, solonetzes apenas a diferentes profundidades dos horizontes baixos. Os solonchaks contêm sais solúveis até à superfície, mas os solonetzes apenas a diferentes profundidades nas camadas inferiores. De acordo com as condições hidrológicas, os solonchaks e os solonetzes dividem-se em solos hidromórficos e solos automórficos. Os solonchaks e solonetzes hidromórficos desenvolvem-se em condições de lençóis freáticos altamente salinos. O perfil dos solonchaks e solonetzes típicos é fracamente diferenciado e distingue-se pelo teor de sais. O lençol freático está localizado nas proximidades. O horizonte de húmus dos solonetzes não contém sais, mas contém sódio adsorvido, o que determina a sua solonetzização - elevada reação alcalina, formação de soda, elevada floculação, húmus solúvel, peptização de colóides e fraca permeabilidade à água; em condições secas com maior compacidade, mas com humidade pantanosa. Os Solonetzes são divididos em: 1) prado-estepe, 2) estepe, 3) semi-deserto. De acordo com a salinização, distinguimos: 1) soda, 2) mista (cloreto de soda-sulfato), 3) solonetzes de cloreto. Segundo o sódio absorvido: 1) muito pouco sódio absorvido até 10%, 2) pouco 10-25%, 3) médio 25-40%, 4) solonetzes fortes >40%. Os solos salinos são Solonetzes, devido à presença de um horizonte nátrico, ou Solonchak, devido à presença de um horizonte salicórico.

Os solos aluviais são caracterizados por inundações regulares e pela sedimentação de novas camadas aluviais. Este solo é caracterizado por vários regimes hidrológicos, construções e propriedades. As suas propriedades são determinadas principalmente pela natureza da bacia, onde estes solos se desenvolvem. O perfil do solo tem normalmente a seguinte estrutura: A-BC-C-CD. Os solos aluviais são formados como resultado de dois processos principais: formação de solos zonais e planícies aluviais. Longe dos leitos dos rios, os processos zonais são reforçados, mas perto deles, pelo contrário, são enfraquecidos.

CAPÍTULO 3

Métodos

Os autores generalizam índices como a permeabilidade à água, a densidade aparente (g/cm³), a densidade das partículas (g/cm³), a porosidade total, a porosidade capilar, a porosidade não capilar, a capacidade de água capilar, o teor de água de saturação, o teor de água de saturação, a capacidade de campo, o ponto de murcha permanente, o teor de água hidroscópica, a água produtiva, os poros com ar.

As propriedades físicas foram determinadas de acordo com métodos frequentemente utilizados no país: Water permeability - by method of square, N.A. Kachinskyi [5]; Bulk density by method of auger, N.A. Kachinskyi [5]; Particle density - by pycnometer, N.A. Kachinskyi [5]; Porosidade total - por N.A. Kachinskyi [5]; Porosidade capilar - por N.A. Kachinskyi [5]; Porosidade não capilar - por N.A. Kachinskyi [5]; Capacidade de água capilar - por N.A. Kachinskyi [5]; Teor de água de saturação - por Kachinskyi [5]; Capacidade de campo - por A.P. Rozov [5]; Ponto de murcha permanente - por métodos de vegetação com rebentos, N.A. Kachinskiu [5]; Teor de água hidroscópico - por A.V. Nikolaev [6]; Água produtiva - por N.A. Kachinskyi [5]; Poros com ar - por N.A. Kachinskyi [5]

CAPÍTULO 4

Resultados e análise

Permeabilidade à água

O processo de permeabilidade à água no solo é mais fácil de observar no início do que numa fase posterior. Este aspeto resulta da capacidade de humedecimento do solo.

A permeabilidade à água no perfil do solo, de acordo com a redução do espaço entre os agregados, é reduzida na maioria dos casos de cima para baixo. É por isso que é maior numa camada de acumulação que é mais rica em macro poros (poros não capilares). Nas partes mais baixas, estes poros começam a encurtar, o que resulta numa diminuição da permeabilidade à água.

A permeabilidade à água tem um efeito importante na agricultura. Com este aspeto, o solo recebe água, percola-a e distribui-a pela camada ativa e retém-na. Esta água é posteriormente utilizada pelos processos de vida das plantas e é utilizada em muitos processos biológicos e químicos no solo.

Podemos concluir que, para além de uma permeabilidade à água demasiado má e demasiado intensa, esta tem um efeito negativo na produtividade do solo. Por exemplo: Os solos vermelhos têm uma humidade muito baixa nas camadas superiores, o que pode ser explicado pelo elevado nível de permeabilidade à água. Mesmo depois de chuvas fortes, estes solos podem ser lavrados no dia seguinte.

De acordo com o coeficiente de filtração, o solo divide-se em três categorias:

1. Permeabilidade à água com K>1 m/dia-noite

2. Meio permeável K=1 - 0,00 m/dia-noite

3. Não permeável K < 0,001 m/dia-noiteO exame da permeabilidade da água no solo tem um significado prático muito elevado para as normas e datas de irrigação. Especialmente para o sistema de irrigação por gotejamento, é necessário calcular a capacidade de permeabilidade à água que o solo tem na primeira hora. Este assunto tem sido examinado na Geórgia por [7-43].

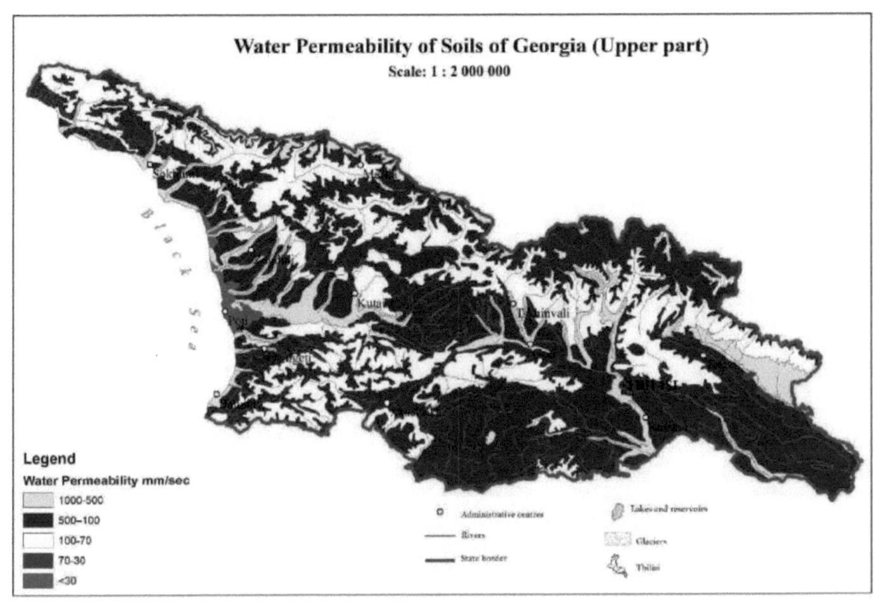

Nos solos da Geórgia, permeabilidade à água na camada de 0-20 cm (mm/min): Aluvial (594.0) > Prados de montanha (492.0) > Cinamónico cinzento de prado (450.0) > Chernozem (420.0) > Cinamónico (390.0) > Carbonato cru (350.) > Vermelho (336.0) > Preto (222.0) > Cinamónico cinzento (216.0) > Amarelo (168.0) > Cinamónico dos prados (150.0) > Podzólico amarelo (105.0) > Floresta castanha (99.0) > Amarelo (90.0) > Salino (39.0) > Pântano (8,4).

Na camada de 20-50 cm (mm/min): Chernozem (840.0) > Vermelho (750.0) > Cinamónico de prado (462.0) > Cinamónico (450.0) > Carbonato bruto (420.0) > Cinamónico cinzento de prado (394.0) > Aluvial (373.0) > Preto (262.0) > Prado de montanha (222.0) > Podzólico amarelo (162.0) > Floresta castanha amarela (154.0) > Cinamónico cinzento (108.0) > Salino (102.0) > Floresta castanha (92.0) > Amarelo (67.0) > Pântano (2,4).

Na camada de 50-100 cm (mm/min): Cinamónico (650,0) > Chernozem (615,0) > Carbonato bruto (545,0) > Vermelho (336,0) > Cinamónico cinzento de prado (280,0) > Cinamónico de prado (262,0) > Floresta castanha amarela (154,7) > Aluvial (127.0) > Preta (125.0) > Salina (120.0) > Podzólica amarela (114.0) > Prado de montanha (111.0) > Floresta castanha (84.0) > Cinzenta cinamónica sódica (57.0) > Amarela (35.0) > Pântano (0,42).

Na camada de 0-20 cm, a permeabilidade à água examinada, os primeiros sete tipos de solo têm uma permeabilidade à água muito boa, os cinco tipos de solo seguintes têm uma boa permeabilidade à água, os três tipos de solo seguintes têm uma permeabilidade à água fraca mas boa e o último tipo de solo não é praticamente permeável à água, necessitando de drenagem.

Na camada de 20-50 cm, os primeiros oito tipos de solo são muito bons em termos de permeabilidade à água. Os sete tipos seguintes têm uma boa permeabilidade à água e a permeabilidade à água do solo de Bog é praticamente nula e necessita de drenagem.

Na camada de 50-100 cm, os primeiros seis tipos de solo têm uma permeabilidade à água muito boa. Os tipos de solo seguintes têm uma boa permeabilidade à água e os solos de Bog precisam de drenagem.

Densidade a granel

A densidade aparente do solo (g/cm^3) é uma estrutura inviolável do solo com peso em 1 cm de volume^3 . Em média, a densidade aparente do solo oscila entre 0,9 - 1,7 (g/cm3), é um dado mutável e varia consoante os períodos de tempo. Na Geórgia, a densidade aparente do solo para diferentes solos foi estudada por [7-75].

A densidade aparente do solo arável, recém-cultivado, é de 1,0 - 1,1 g/cm3; se o solo cultivado estiver endurecido - 1,2 - 1,3 (g/cm3); fortemente endurecido 1,3 - 1,4 (g/cm3); no caso tipicamente endurecido sob a camada de lavoura, a densidade aparente é de 1,4-1,6 g/cm3. Os solos vermelhos e o podzólico amarelo têm uma densidade aparente no horizonte iluvial de 1,6 - 1,8 (g/cm3).

O endurecimento do solo indica a sua degradação, que é causada por factores antropogénicos. A densidade aparente dos principais tipos de solo (g/cm3) na camada de 0-20 cm é (g/cm3): Podzólico amarelo (1,43) > Aluvial (1,21) > Cinamónico de várzea (1,19) > Floresta castanha (1,15) > Salino (1,14) > Cinamónico cinzento (1,13) > Amarelo (1,10) > Carbonato cru (1,09) > Prado cinzento cinnamónico (1,08) > Cinnamónico (1,07) > Chernozems (1,07) > Floresta castanha amarela (1,04) > Prado de montanha (1,03) > Preto (0,99) > Vermelho (0,92) > Pântano (0,91).

Numa camada de 20-50 cm (g/cm3): Podzólico amarelo (1,43) > Amarelo (1,40), Salino (1,40) > Floresta castanha (1,34) > Floresta castanha amarela (1,30) > Aluvial (1,27) > Prado cinamónico (1,24) > Prado cinzento cinamónico (1,18), Cinamónico (1,17) > Cinzento cinamónico (1,17) > Prados de montanha (1,15) > Carbonato bruto (1,12) > Preto (1,12) > Chernozem (1,12) > Vermelho (1,07) > Pântano (0.9).

Numa camada de 50-100 cm (g/cm3): Amarela (1,60) > Floresta castanha (1,58) > Podzólica amarela (1,47) > Salina (1,45) > Floresta castanha amarela (1,32) > Aluvial (1,32) > Cinamónica de prado (1,31) > Chernozem (1,27) > Cinamónico (1,25) > Negro (1,22) > Cinamónico cinzento dos prados (1,21) > Cinamónico cinzento (1,18) > Prados de montanha (1,18) > Carbonato bruto (1,16) > Vermelho (1,05) > Pântano (0,82).

Assim, na camada de 0-20 cm, a densidade aparente mais elevada é a do solo podzólico amarelo (1,43) e a mais baixa é a dos solos de pântano (0,91). Na camada de 20-50 cm, a densidade aparente do solo mais elevada é a do podzólico amarelo (1,43) e a mais baixa a dos solos de pântano (0,9). Na camada de 50-100 cm, a densidade aparente do solo mais elevada é a dos solos amarelos (1,43) e a mais baixa é a dos solos de pântano (0,82).

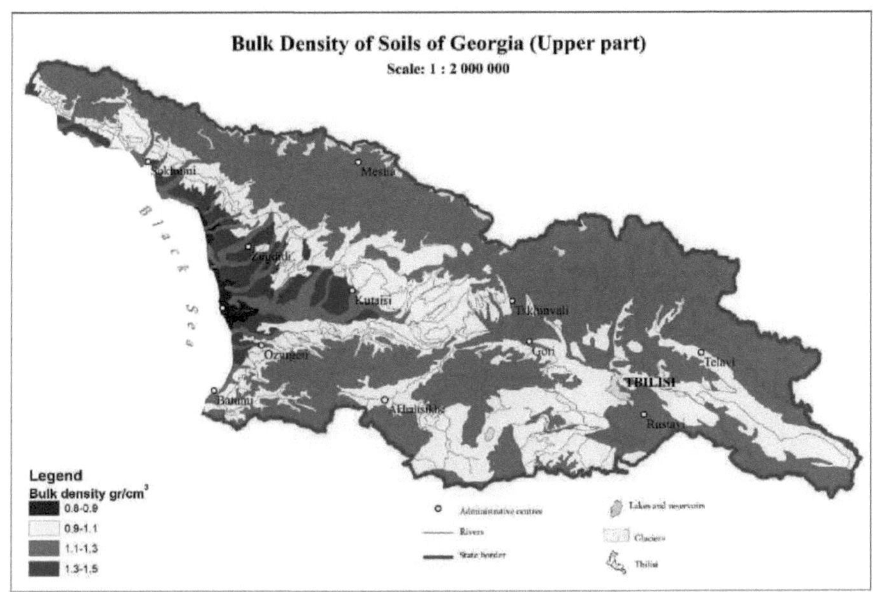

Entre a densidade aparente do solo da Geórgia (g/cm^3) podem ser observadas leis objectivas que indicam que nas camadas de solo de 0-20 e 20-50 cm predomina o podzólico amarelo e na camada de 50-100 cm o amarelo e na parte inferior de todos os solos estão os solos de Bog com a taxa de densidade aparente mais baixa.

Densidade das partículas

A densidade das partículas do solo é a relação entre a fase sólida do solo e o seu peso volúmico em água. As diferentes composições minerais alteram estes valores entre 2,50 e 2,75 g/cm3. Os solos ricos em Fe são ricos em densidade de partículas do solo, razão pela qual a densidade de partículas dos solos vermelhos e amarelos é elevada mesmo em perfis de solo de três metros, o que é causado pela lavagem permanente dos minerais dos horizontes superiores para as partes inferiores do perfil.

O mesmo princípio funciona em relação aos solos pantanosos e turfosos, quando a densidade aparente do solo é elevada (1,74 - 1,86 g/cm3), o que está diretamente relacionado com a absorção de minerais pelas plantas, que são lavados das camadas superiores em 30-40%. Na Geórgia, a densidade das partículas do solo é analisada por muitos cientistas [7-73].

A densidade das partículas do solo da Geórgia na camada de 0-20 cm é (g/cm3): Cinamónico cinzento de prado (2,71) > Pântano (2,70) > Cinamónico cinzento (2,68) > Preto (2,60), Salino (2,60) > Floresta castanha (2,59) > Podzólico amarelo (2,57) > Amarelo (2,55) > Carbonato bruto (2,50) > Floresta castanha (2,48) > Prado cinamónico (2,46) > Aluvial (2,46) > Vermelho (2,38) > Prado de montanha (2,37) > Chernozems (2,28) > Floresta castanha amarela (2,21).

Camada 20-50 cm (g/cm3): Pântano (2,77), Cinamónico cinzento de prado (2,77) > Preto (2,75) > Cinamónico cinzento (2,72) > Amarelo (2,67) > Podzólico amarelo (2,63) > Salino (2,63) > Vermelho (2,59), Aluvial (2,59) > Carbonato bruto (2,52) > Prados cinamónicos (2,52) > Cinamónicos (2,51) > Floresta castanha amarela (2,50), Floresta castanha (2,50) > Chernozem (2,38), Prados de montanha (2,38).

Camada 50-100 cm(g/cm3): Pântano (2,85) > Preto (2,82) > Cinamónico cinzento de prado (2,80) > Cinamónico de prado (2,72) > Amarelo (2,69), Podzólico amarelo (2,69) > Salino (2,63) > Vermelho (2,61) > Floresta castanha amarela (2,60) > Aluvial (2,59) > Cinamónica (2,59) > Cinamónica de prado (2,55) > Carbonato bruto (2,49) > Chernozem (2,49) > Prado de montanha (2,44) > Floresta castanha (2,41).

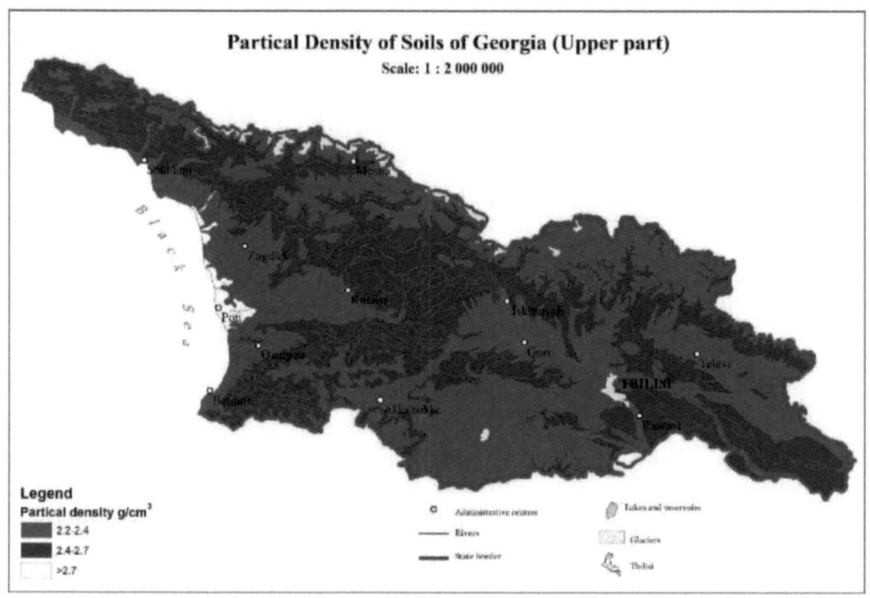

Assim, na camada de 0-20 cm, os solos cinzentos cinzentos de pântano e de prado são dominantes e o prado de montanha é o mais baixo.

Numa camada de 20-50 cm dominam os solos de pântano e os solos cinzentos cinamónicos e nas camadas mais baixas os solos de prados de montanha são os menos importantes.

Numa camada de 50-100 cm, os solos de pântano, preto e cinzento cinzento são os três primeiros e, nas camadas inferiores, o último lugar é ocupado pelos solos de prado de montanha e de floresta castanha, devido ao elevado teor orgânico destes solos.

Nas camadas superiores encontram-se a maior parte dos solos de pântano e nas partes inferiores encontram-se os solos de prado de montanha, Chernozems, carbonato cru e solos vermelhos.

Porosidade total

Os agregados texturais (tamanho das partículas) e estruturais do solo estão posicionados soltos no corpo do solo. Entre eles estão a ser formados espaços vazios de diferentes tamanhos e formas, que formam poros. No total, estes poros representam a porosidade total do solo e são expressos em %.

A quantidade e a forma da porosidade dependem da textura do solo, do tamanho e da forma dos seus elementos, da estrutura do solo, das formas das unidades estruturais e do seu estado e ligação entre si. É por isso que a porosidade total do solo varia entre tipos de solo e horizontes.

A porosidade do solo está dividida dentro dos agregados e entre eles. Também pode haver algumas combinações de assentamento, agregados densos ficam próximos ou soltos uns dos outros.

A investigação da porosidade total do solo tem um enorme significado prático na avaliação de solos de melioração, uma vez que esta propriedade tem sido estudada por muitos investigadores [7-32, 35-77].

Porosidade total dos solos da Geórgia numa camada de 0-20 cm (%): Pântano (67,1) > Negros (61,8) > Vermelhos (60,0) > Cinamónicos cinzentos de prado (60,2) > Cinamónicos cinzentos (57,8) > Cinamónicos (56,8) > Salinos (56,5) > Prados de montanha (56,5) > Carbonato cru (56,4) > Floresta castanha (55,9) > Floresta castanha amarela (55,3) > Chernozems (53,0) > Amarela (53,7) > Cinamónica de prado (51,2) > Aluvial (50,8) > Podzólica amarela 44,4.

Numa camada de 20-50 cm (%): Pântano (68,2) > Preto (59,8) > Vermelho (58,5) > Cinamónico cinzento (57,6), Cinamónico cinzento de prado (57,6) > Carbonato bruto (56,6) > Amarelo (54,4) > Cinamónico (53,2) > Chernozem (52,9) > Prado de montanha (51,7) > Aluvial (51,0) > Cinamónico de prado (50,8) > Salino (49,9) > Floresta castanha (49,6) > Amarelo (46,8) > Podzólico amarelo (45,4).

Numa camada de 50-100 cm (%): Pântano (77,3) > Vermelho (59,3) > Prado cinzento cinamónico (56,8) > Cinamónico cinzento (56,8) > Preto (56,7) > Floresta castanha (55,6) > Carbonato bruto (53,4) > Cinamónico (51,6) > Prado de montanha (51,6) > Prado cinamónico (50,2) > Aluvial (49,1) > Chernozem (49,0) > Salino (48,5) > Floresta castanha amarela (46,6) > Podzólico amarelo (45,2) > Amarelo (40,5).

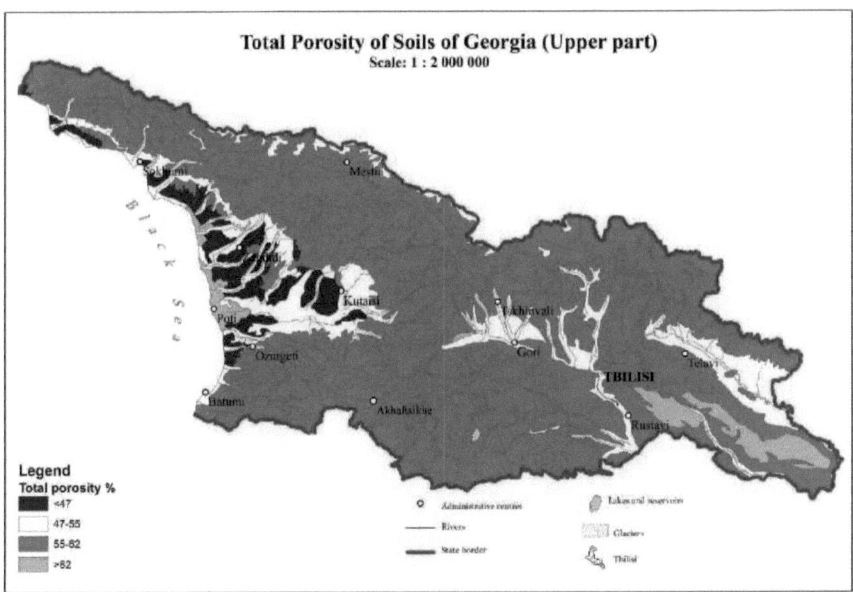

Assim, numa camada de 0-20 cm dos tipos de solo acima indicados, a porosidade total mais elevada é a dos solos de pântano, chernozem e vermelho, o que resulta do elevado teor orgânico destes solos. A porosidade total do solo (%) mais baixa é a dos solos cinamónicos de Meadow, aluviais e podzólicos amarelos, o que é natural em comparação com outros tipos de solo.

Numa camada de 20-50 cm, os solos cinzento-cinamónico, cinzento-cinamónico dos prados e carbonato cru têm a maior porosidade total do solo em percentagem. Este facto é indicativo da boa estrutura do solo. Os solos amarelos e o podzólico amarelo têm uma porosidade total baixa, o que é natural devido à sua baixa produtividade.

Numa camada de 50-100 cm, uma percentagem de porosidade total do solo tão elevada indica a boa estrutura do solo nos cinco principais tipos de solo: Pântano, vermelho, cinamónico cinzento dos prados, cinamónico cinzento e preto. Os solos salinos, amarelos de floresta castanha, amarelos podzólicos e amarelos têm uma estrutura do solo deficiente.

Porosidade capilar (Porosidade ativa)

O aparecimento de capilares no solo depende da quantidade de capilares que se tocam uns aos outros, com unidades de solo de diferentes tamanhos e diâmetros com cadeias capilares. Os diferentes tipos de solo diferem entre si não só pela quantidade, mas também pela sua qualidade e diâmetro.

Os capilares do solo não são apenas cilindros, razão pela qual as aparências capilares, em suma, subordinam algumas leis, ou seja, capilares cilíndricos simples. É por isso que é essencial utilizar dados experimentais directos para descrever ou estudar as suas propriedades.

Desta forma, a porosidade capilar total inclui uma parte dos poros de pequeno diâmetro, que é inferior a 3 milimicrons e por onde a água gravitacional e capilar passa e que são chamados "poros activos". O estudo da porosidade ativa pode ser feito através do esvaziamento de amostras de solo saturadas de água. É igual ao volume de água que dá uma amostra de solo saturado com uma pressão de esvaziamento de 0,8 - 0,9 atmosfera. A água esvaziada dos poros desse diâmetro que é libertada através dos poros mais pequenos é chamada "eficaz" e as plantas podem utilizá-la facilmente. A porosidade capilar foi estudada por [7-23, 25-32, 35-47, 49-57, 60, 62-73].

Os principais tipos de solo da Geórgia Porosidade capilar da camada de 0-20 cm (%): Pântano (62,2) > Floresta castanha amarela (45,9) > Vermelha (45,0) > Prados cinzentos cinamónicos (43,3) > Preta (41,9) > Cinamónica (41,4) > Prados de montanha (41,1) > Cinamónica cinzenta (40,6) > Chernozem (39,4) > Floresta castanha (36,6) > Carbonato bruto (36,4) > Aluvial (35,8) > Cinamónico de prado (31,2) > Salino (31,1) > Podzólico amarelo (27,6) > Amarelo (25,8).

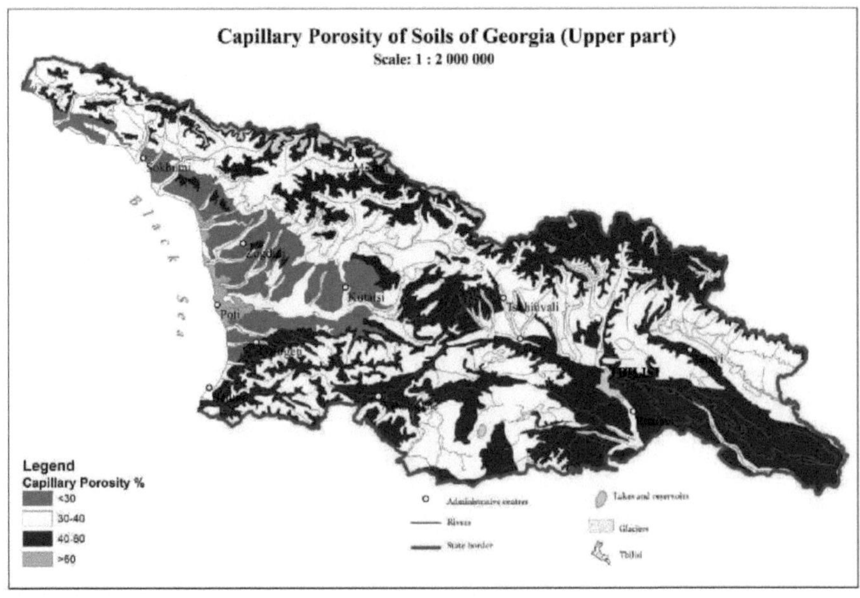

Camada 20-50 cm (%): Pântano (65,2) > Vermelho (58,5) > Prado cinzento cinamónico (50,3) > Floresta castanha amarela (44,8) > Preta (42,1) > Cinamónica (41,3) > Aluvial (39,8) > Prado de montanha (38,4) >

Cinamónica cinzenta (38,3) > Salina (37,8) > Carbonatada crua (35,9) > Chernozem (35,6) > Floresta castanha (35,1) > Cinamónica de prado (34,7) > Podzólica amarela (29,7) > Amarela (17,6).

Camada 50-100 cm (%): Pântano (65,7) > Prado cinamónico cinzento (49,3) > Prado de montanha (41,5) > Floresta castanha amarela (41,4) > Vermelha (41,8) > Cinamónica (41,1) > Aluvial (40,9) > Preta (40,1) > Cinamónico cinzento (39,9) > Carbonato bruto (38,8) > Cinamónico de prado (37,6) > Chernozem (35,9) > Floresta castanha (35,0) > Salino (33,3) > Podzólico amarelo (32,5) > Amarelo (12,2).

Assim, a porosidade capilar, ou seja, a soma dos poros activos em % numa camada de 0-100 cm, tem algumas leis objectivas: O pântano, o amarelo, a floresta castanha, o vermelho, o cinamónico cinzento dos prados, o preto e o chernozem têm uma boa porosidade ativa. Deve ser mencionada uma caraterística específica dos solos de pântano, que é tão elevada que necessita de ser melhorada, ou seja, é necessário aplicar drenagem para remover o excesso de água.

Outros tipos de solo têm uma porosidade capilar mais ou menos normal e precisam de ser bem lavrados até à camada de 0-40 cm uma vez em cada quatro anos e algumas outras actividades para aumentar a sua produtividade.

Porosidade não capilar

No corpo do solo, algumas unidades texturais e agregados estruturais tocam-se uns aos outros, não muito densos, e formam-se vazios entre eles. Estes têm diferentes tamanhos e formas e podemos chamar-lhes poros.

Em diferentes tipos de solo, a porosidade total varia, assim como no perfil do solo (horizontes genéticos). Os solos estruturais apresentam uma porosidade relativamente elevada e de valor agrícola.

A porosidade total é dividida em poros no interior dos agregados e entre eles. Também pode haver diferentes combinações de assentamento: os agregados densos são colocados próximos uns dos outros. Uma combinação diferente de assentamento dá porosidades diferentes e mais bem expostas.

As alterações estruturais do solo também provocam alterações na porosidade. Nos últimos tempos, a porosidade total, que exprime o volume total dos poros do solo, foi dividida em porosidades capilares e não capilares.

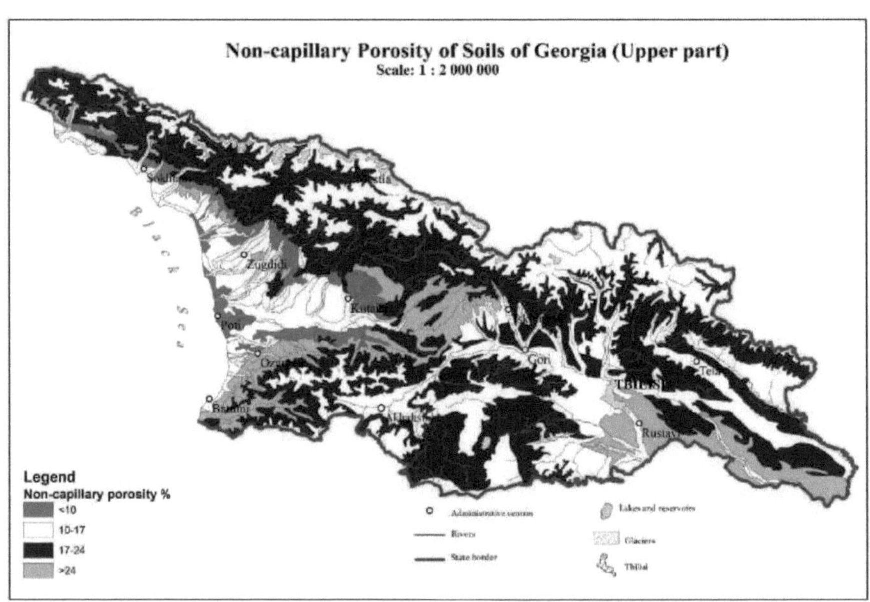

A classificação semelhante não podia fornecer os requisitos actuais para a avaliação água-ar no solo. É por isso que foi diferenciada e dividida em porosidade ativa e não ativa para o movimento da água no perfil do solo.

Ativo significa poros onde o movimento livre da humidade no seu interior depende de forças mecânicas e hidráulicas.

Não activos (passivos) são poros finos que, quando molhados, estão completamente carregados com água densa, que é mantida por forças moleculares e esse tipo de humidade não é acessível às plantas. A água livre não se pode mover nestes poros e eles são inúteis para a agricultura.

Os poros espessos estão cheios de ar e só uma humidade muito forte pode entrar neles e deslocar-se para dentro deles. São poros para o ar.

Os poros mais valiosos são os poros activos preenchidos com água capilar e os poros de aeração. Na Geórgia, os poros não capilares, ou seja, os poros activos, foram examinados por muitos cientistas [7-23, 25-32, 35-47, 49-57, 60, 62-73].

Poros não caulinares em solos da Geórgia na camada de 0-20 cm (%): Vermelho (28,0) > Amarelo (27,9) > Cinamónico cinzento (27,1) > Floresta castanha (21,4) > Preto (20,2) > Carbonato bruto (20,0) > Cinamónico dos prados (20,0) > Chernozems (19,4) > Salino (19.0) > Podzólico amarelo (16,9) > Cinamónico cinzento de prado (16,4) > Cinamónico (15,5) > Prado de montanha (15,5) > Aluvial (15,0) > Floresta castanha amarela (9,6) > Pântano (4,9).

Camada de 20-50 cm (%): Salino (30.0) > Amarelo (29,2) > Cinamónico cinzento (24,4) > Vermelho (20,5) > Chernozems (17,9) > Cinamónico de prado (16,1) > Podzólico amarelo (15,9) > Carbonato cru (14,8) > Floresta castanha (14,5) > Negra (13,7) > Prados de montanha (12,3) > Cinamónica (11,9) > Aluvial (11,1) > Floresta castanha amarela (9,6) > Prados cinzentos cinamónicos (7,6) > Pântano (3.0).

Camada 50-100 cm (%): Cinamónico cinzento (31,1) > Amarelo (28,3) > Salino (23,4) > Floresta castanha (20,6) > Vermelho (18,1) > Preto (16,2) > Carbonato bruto (14,7) > Chernozems (13.0) > Podzólico amarelo

(12,7) > Pântano (11,9) > Prado cinamónico (10,1), Prado de montanha (10,1) > Cinamónico (9,5) > Prado cinamónico cinzento (8,5) > Aluvial (8,1) > Floresta castanha amarela (5,2).

Nos solos da Geórgia que foram objeto de investigação podem ser observados alguns regulamentos que, na camada de 0-20 cm, apresentam os melhores resultados: Vermelho, Amarelo, Cinzento cinamónico, Floresta castanha e solos negros.

Na camada de 20-50 cm: Solos salinos, amarelos, cinzentos cinamónicos, vermelhos e chernozem onde se pode observar a influência das camadas superiores.

Nas camadas de 50-100 cm existe alguma mistura de tipos de solo que depende da diversidade e das condições naturais locais.

Capacidade de água capilar

A capacidade de água capilar é a capacidade de água que se encontra no solo estruturado, onde ocorrem simultaneamente processos aeróbicos e anaeróbicos. Os processos aeróbicos ocorrem nas superfícies dos agregados porque entre eles existem poros não capilares onde não há água e não estão cheios de ar. Os poros não capilares que estão cheios de água encontram-se entre os agregados estruturais, onde ocorrem os processos anaeróbios. Assim, a capacidade de água capilar está a estimular os processos redox e satisfaz plenamente os requisitos de alta produtividade do solo.

Nas partes argilosas dos solos sem estrutura, onde todos os processos são representados por capilares, é necessário aplicar um tratamento especial de melhoria para reduzir os poros capilares e aumentar a quantidade de poros não capilares.

A capacidade de água capilar altera-se de trás para a frente com a construção do solo e é um processo dinâmico. Quando a quantidade de poros não capilares está a aumentar e é um período de afrouxamento dos agregados do solo, a capacidade de água capilar está a diminuir e quando a quantidade de poros não capilares está a diminuir, a capacidade de água capilar está a aumentar.

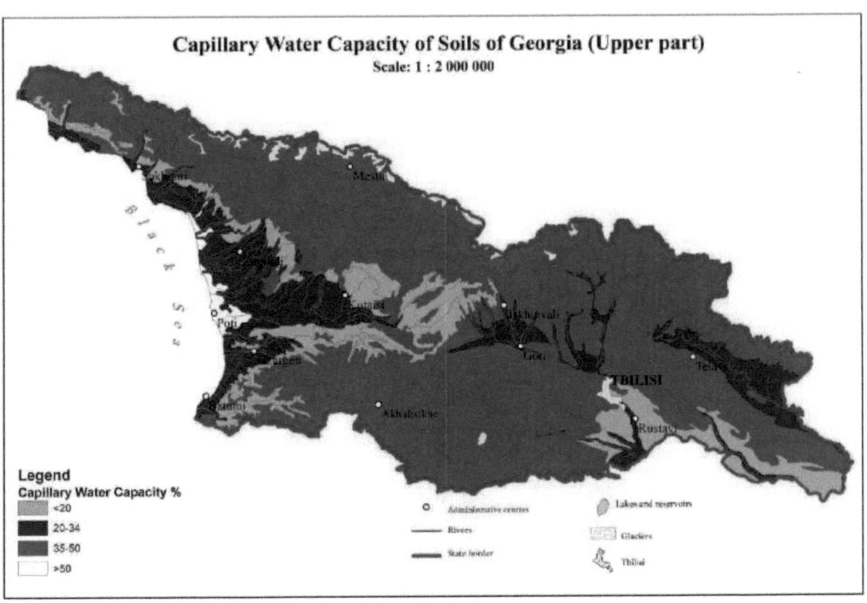

A análise dos processos de regulação do movimento da humidade do solo tem um significado prático muito importante para a determinação das quantidades de humidade que as plantas podem absorver. É por isso que muitos cientistas estão a utilizar a capacidade de água capilar para descrever as medições higroscópicas do solo. A capacidade de água capilar tem sido objeto de trabalhos [9-12, 27, 28, 31, 33, 34, 40-43, 45, 47, 52-57, 62, 65, 66, 69-71, 73].

Os principais tipos de solo da Geórgia têm uma capacidade de água capilar em percentagem na camada de 0-20 cm (%): Pântano (70.0) > Floresta castanha (44,9) > Preto (41,9) > Cinamónico (40,6) > Prados de montanha (40,5) > Chernozem (38,2) > Prados cinamónicos (36,6) > Aluvial (35,1) > Carbonato bruto (35,1) > Salino (35,1) > Cinamónico cinzento (21,7) > Amarelo (21,3) > Cinamónico cinzento dos prados (20,5) > Podzólico amarelo (18,5) > Vermelho (13,5) > Floresta castanha amarela (9,8).

Numa camada de 20-50 cm (%): Pântano (74.0) > Preto (41,9) > Cinamónico (39,9) > Floresta castanha (39,1) > Prado de montanha (39,1) > Chernozem (37,9) > Chernozem (37,9) > Carbonato bruto (34,9) > Aluvial (34,4) > Cinamónica dos prados (32,3) > Salina (31,2) > Cinamónica cinzenta (24,0) > Vermelha (21,5) > Cinamónica cinzenta dos prados (21,3) > Podzólica amarela (15,6) > Floresta castanha amarela (13,3) > Amarela (10,6).

Numa camada de 50-100 cm (%): Pântano (80,4) > Negro (40,7) > Floresta castanha (40,5) > Cinamónico (40,2) > Prado de montanha (39,3) > Chernozem (35,2) > Carbonato bruto (35,1) > Aluvial (32,9) > Cinamónico de prado (31,8) > Salino (30,2) > Podzólico amarelo (25,6) > Cinamónico cinzento de prado (21,5) > Vermelho (20,3) > Cinamónico cinzento (19,7) > Floresta castanha amarela (15,4) > Amarelo (4,5).

Deste modo, no solo da Geórgia, para além do teor de água de saturação e da capacidade de humidade no terreno, existe também uma certa regulação da capacidade de água capilar. Os principais solos são: Bog, Brown forest, Black, Chernozem e Cinnamonic soils.

Capacidade de água de saturação

A capacidade de água de saturação do solo expõe a capacidade máxima de retenção de água quando todos os poros estão cheios de água. Estas condições são permanentes nos pântanos. Noutros solos, as condições de saturação de água formam-se apenas em áreas limitadas durante a rápida fusão da neve, chuvas fortes ou irrigação, após o que a força de peso da água não capilar se aprofunda e o ar volta a ocupar o seu lugar.

Antes da condição de saturação da capacidade de água ou de inundação por um longo período no solo, ocorrem processos anaeróbicos e reparadores. Por esse motivo, há uma limitação da acumulação de minerais absorventes de plantas. Este tipo de solos deve ser tratado de forma relevante através da melhoria da drenagem.

A capacidade de água de saturação do solo deve ser igual à porosidade total, mas na realidade só é igual em solos leves e arenosos que não têm capacidade de inchamento.

Com exceção da textura do solo, as propriedades coloidais têm um papel importante na capacidade de água de saturação. Nos solos coloidais inconvertíveis, a capacidade de água de saturação é igual à porosidade total e nos solos coloidais convertíveis, ricos em coloides hidrofílicos com elevada capacidade de inchamento (como o Solonetz), a capacidade de água de saturação é algumas vezes superior à sua porosidade total.

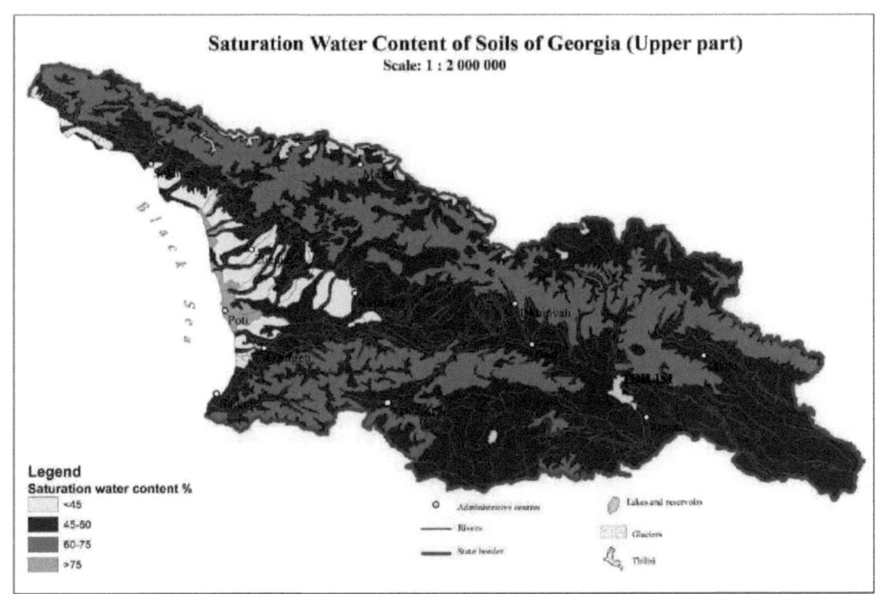

Nos solos melhorados após a lavagem, a humidade higroscópica, o ponto de murcha permanente e a humidade molecular máxima são significativamente reduzidos. Consequentemente, a capacidade de água de saturação e a capacidade de humidade de campo aumentam e, o que é mais importante, também aumenta a quantidade de humidade absorvida pela planta [9-12, 27, 28, 31, 33, 34, 40, 42, 43, 45, 47, 52-57, 62, 65, 66, 69-71, 73].

Os principais tipos de solo da Geórgia têm Capacidade de água de saturação na camada de 0-20 cm (%): Pântano (74,9) > Vermelho (62,2) > Floresta castanha (60,2) > Chernozem (56,9) > Carbonato bruto (55,7) > Prados de montanha (53,9) > Prados cinzentos cinamónicos (50,9) > Salinos (50,4) > Floresta castanha amarela (50,1) > Negra (47,4) > Prados cinamónicos (46,8) > Cinamónica cinzenta (45,7), Aluvial (45,7) > Amarela (45,5) > Cinamónica (45,2) > Podzólica amarela (30,7).

Na camada de 20-50 cm (%): Pântano (76,6) > Floresta castanha (60,9) > Vermelha (60,1) > Carbonato bruto (52,2) > Chernozem (49,7) > Prado cinamónico (48,1) > Floresta castanha amarela (48,0) > Prado de montanha (45,2) > Salino (45,9) > Preto (43,6) > Cinamónico (43,5) > Aluvial (43,5) > Cinamónico cinzento de prado (42,2) > Cinamónico cinzento (41,3) > Amarelo (35,2) > Podzólico amarelo (32,7).

Na camada de 50-100 cm (%): Pântano (82,8) > Vermelho (61,5) > Carbonato bruto (47,2) > Floresta castanha amarela (46,4) > Floresta castanha (45,0) > Prado de montanha (44,7) > Cinamónico cinzento (43,8) > Cinamónico de prado (43,6) > Salino (43,1) > Cinamónico cinzento de prado (43.0) > Cinamónico (42,2) > Chernozem (42,1) > Preto (41,9) > Aluvial (39,2) > Podzólico amarelo (34,4) > Amarelo (33,4).

Os solos têm uma capacidade de saturação de água muito elevada na camada de 0-20 cm: Pântano, Vermelho, Floresta castanha, Chernozem e Carbonato cru. Nos 20-50 cm, os resultados são quase os mesmos: pântano, floresta castanha, vermelho, carbonato cru e chernozem. Em 50-100 cm, os mesmos resultados regulamentares apresentam camadas inferiores de solo, o que indica que estes solos necessitam de tratamento de controlo da humidade.

Capacidade de campo

A capacidade de campo do solo significa a capacidade do solo de reter água a uma profundidade em que a água capilar que está em contacto com a água subterrânea não a consegue alcançar. Assim, a capacidade de humidade mais baixa significa o máximo de água capilar que o solo pode reter. Esta é a quantidade de humidade que está praticamente imóvel, o que a diferencia da água que tem influência de forças que se movem de cima para baixo. Este tipo de humidade é chamado de capacidade de campo.

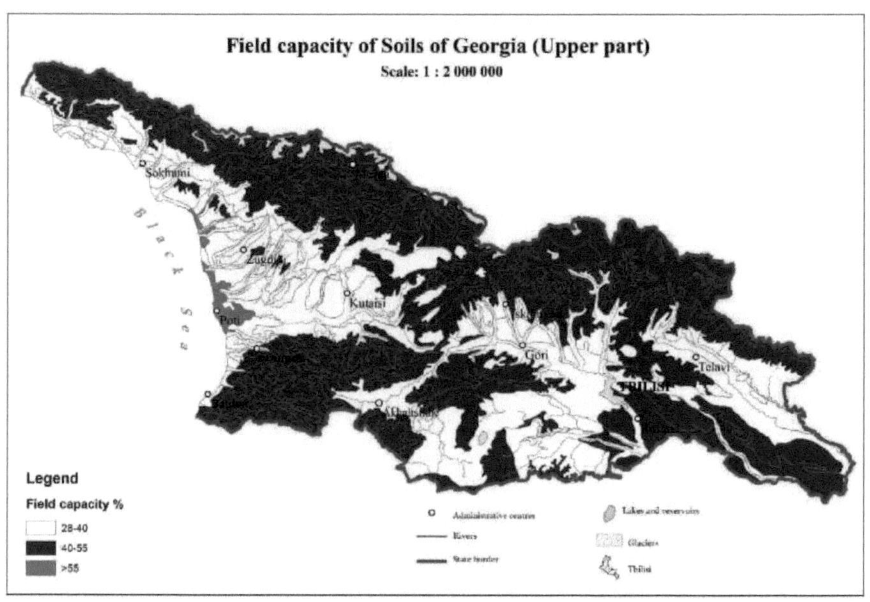

A capacidade de campo forma-se quando é empurrada para baixo uma quantidade de água muito superior à que a capacidade do solo pode conter. Este tipo de permeabilidade não ocorre em toda a área, mas apenas em "línguas" limitadas. Durante este tipo de humidade, apenas alguns poros do solo são preenchidos com água. Em média, apenas 55-57% dos poros são preenchidos com água na capacidade de campo.

A capacidade de humidade mais baixa não é permanente, uma vez que diminui devido à reabsorção da água suspensa por capilaridade, mesmo após quatro meses. A condição de capacidade de campo mais baixa no solo torna-se plena capacidade de campo após 2-3 dias. Na capacidade de campo, a humidade mais baixa ocorre em solos sódicos.

Nas camadas superiores 50,7% da porosidade total 32,2% é a humidade mais baixa, quando nas partes superiores do perfil do solo está quase totalmente ocupada com a humidade mais baixa. Esta condição tem um significado prático muito importante. Nos solos em que as quantidades de porosidade total e a capacidade de humidade mais baixa são tão próximas, é evidente que, após a permeabilidade à água, existe humidade extra que é prejudicial para o processo normal de desenvolvimento das plantas. No perfil vertical do solo, as camadas superiores têm uma capacidade de humidade mais baixa do que as camadas inferiores (porque as camadas inferiores são mais densas).

A capacidade de campo do solo tem uma importância muito grande para a hidromelhoria. Esta é a base do sistema de irrigação e do seu planeamento e regulação. De acordo com ela, a quantidade de água de irrigação e as datas são calculadas. É por isso que muitos cientistas estão a trabalhar neste caso [9-12, 25-28, 31, 33, 34, 40, 42, 43, 45, 47, 52-57, 62, 65, 66, 69-71, 73].

Capacidade de campo do solo da Geórgia na camada de 0-20 cm (%): Pântano (66,9) > Floresta castanha (49,6) > Vermelha (48,5) > Cinamónica cinzenta (47,7) > Cinamónica cinzenta dos prados (45,7) > Negra (45,6) > Salina (44,3) > Cinamónica (44,3) > Prados de montanha (41.0) > Floresta castanha amarela (40,3) > Chernozem (39,6) > Amarela (34,2) > Cinamónica dos prados (33,6) > Carbonatada crua (33,1) > Podzólica amarela (28,3).

Na camada de 20-50 cm (%): Pântano (70,7) > Cinamónico cinzento (48,3) > Floresta castanha (48,1) > Salino (45,8) > Cinamónico (44,8) > Chernozem (41,6), Preto (41,6) > Prado cinamónico cinzento (40,9) > Prado de montanha (40,3) > Vermelho (38.0) > Floresta castanha amarela (35,7) > Carbonato bruto (34,2) > Aluvial (33,9) > Prado cinamónico (31,7) > Podzólico amarelo (29,9) > Amarelo (29,6).

Camada 50-100 cm (%): Pântano (72,1) > Cinamónico (49,6) > Salino (44,5) > Cinamnico cinzento (44,1) > Chernozem (42,2) > Vermelho (41,2) > Floresta castanha (40,3) > Preto (39,6) > Prados de montanha (38,1) > Prados cinzentos cinamónicos (37,1) > Carbonato bruto (33,1) > Aluvial (31,2) > Prados cinamónicos (31,1) > Floresta castanha amarela (31.0) > Podzólico amarelo (29,0) > Amarelo (28,9).

Nas camadas superiores dos solos da Geórgia, a capacidade de campo é condicionada por uma boa estrutura do solo e estes solos têm a melhor estrutura entre outros: Floresta castanha, vermelho, cinzento-cinamónico, cinzento-cinamónico dos prados, Chernozem e, nos outros onze tipos de solo, a capacidade de campo diminui em função da sua produtividade potencial.

Na camada de 20-50 cm, a capacidade de campo do solo, com exceção dos solos de pântano, está a diminuir de cima para baixo. Na camada de 50-100 cm, os primeiros cinco tipos de solo têm as mesmas boas características físicas das camadas superiores.

Ponto de murcha permanente

Para o fornecimento de humidade às plantas, os solos podem ser caracterizados por duas propriedades:

1) Murchar quantidade inicial de humidade

2) Ponto de murchamento permanente da humidade quando o sistema radicular da planta não tem mais capacidade e começa a murchar devido à falta de humidade.

Existem três fases de murchidão:

1) Fase inicial da murchidão, quando apenas as folhas superiores estão murchas

2) Fase forte de murchidão, quando as folhas estão a murchar e as folhas inferiores estão a ficar amarelas e são necessárias apenas algumas horas para começar a recuperar da rega.

3) Murchamento final quando a planta não pode voltar a crescer com a rega.

O ponto de murcha permanente é igual à fase de murcha dois 1,5 % e a fase três é 0,6 - 0,9 % da água hidroscópica máxima. O estudo da relação entre as necessidades hídricas das plantas e as águas subterrâneas do solo mostra que nem todas as categorias de humidade do solo são igualmente acessíveis às plantas. Neste aspeto, a humidade do solo divide-se em:

1) Humidade inútil (Humidade máxima adsorvível)

2) Humidade raramente útil

3) Humidade útil

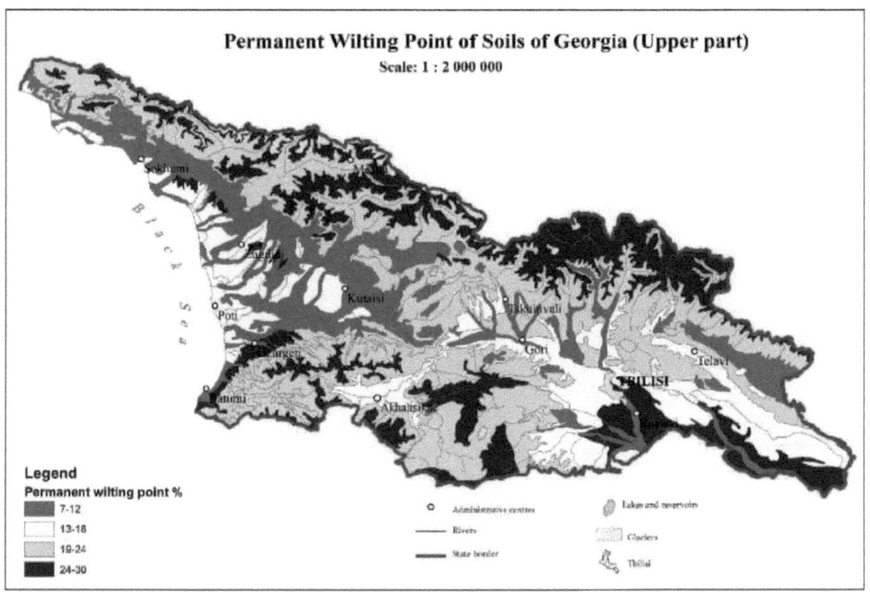

O ponto de murcha permanente foi estudado por [25-28, 33, 34, 40, 42].

Ponto de murcha permanente dos solos da Geórgia na camada de 0-20 cm (%): Cinnamónico cinzento (24,8) > Vermelho (24,5) > Prados de montanha (24,3) > Floresta castanha (21,3) > Prados cinnamónicos (18,4) > Floresta castanha amarela (18,2) > Chernozem (18,1) > Pântano (17,7) > Preto (16,5) > Cinamónico cinzento dos prados (15,9) > Salino (15,1) > Cinamónico (13,5) > Podzólico amarelo (12,1) > Carbonato bruto (11,9) > Amarelo (10,5) > Aluvial (7,1).

Numa camada de 20-50 cm (%): Cinamónica cinzenta (28,9) > Vermelha (23.0) > Cinamónico dos prados (20,8) > Pântano (20,4) > Floresta castanha (20,1) > Prados de montanha (19,6) > Podzólico amarelo (18,8) > Chernozem (18,1) > Salino (17,1) > Cinamónico (16,2) > Cinamónico de prado (15,9) > Negro (15,6) > Floresta castanha amarela (15,3) > Carbonato bruto (12,6) > Amarelo (10,8) > Aluvial (7,11).

Na camada de 50-100 cm (%): Cinamónico cinzento (26,1) > Cinamónico de prado (21,2) > Salino (19,2) > Chernozem (18,7) > Floresta castanha (18,2) > Prado de montanha (18.0) > Cinamónico (16,7) > Cinamónico cinzento dos prados (16,1) > Podzólico amarelo (15,8) > Negro (15,8) > Pântano (14,6) > Floresta castanha amarela (12,5) > Vermelho (11,5) > Carbonato bruto (8,2) > Aluvial (7,2) > Amarelo (5,8).

Deste modo, a falta de humidade no solo atinge o seu pico no ponto de murcha permanente, especialmente na terceira fase do ponto de murcha final. De acordo com Kachinsky, a intensidade da murchidão depende das espécies vegetais e do seu estado de vegetação. Os melhores solos no que respeita ao ponto de murchidão permanente na Geórgia são: Vermelho, cinamónico cinzento, cinamónico dos prados, preto e Chernozems. Os resultados relativamente maus registam-se nos solos aluviais e amarelos.

Entre estes dois grupos encontram-se os solos com valores médios: Solos salinos, cinamónicos, floresta castanha, prado de montanha, prado cinamónico e pântano.

Teor de água higroscópica

A água hidroscópica do solo depende muito da humidade relativa do ar - quando esta aumenta, a água higroscópica do solo também a acompanha. O nível máximo de água higroscópica do solo em torno das partículas do solo está rodeado por uma miríade de moléculas de água. Quanto mais finas forem as partículas coloidais dispersas no solo, tanto mais vapor de água podem absorver e fixar, ou seja, tanto mais higroscópico se torna.

A capacidade máxima de água higroscópica e a fração de terra fina do solo (<0,001 mm) têm uma dependência quantitativa. Este dado revela que as forças de adsorção que retêm a quantidade de humidade determinam a quantidade de água insolúvel. Este tipo de humidade é inacessível para as plantas e constitui o "abastecimento morto" do solo.

Uma quantidade e meia e o dobro da quantidade máxima de água higroscópica é aproximadamente a mesma humidade do solo quando a planta começa a murchar. Este limite inferior de humidade do solo quando as plantas começam a murchar é designado por ponto de murcha permanente.

No perfil vertical do solo, o teor de água hidroscópica é elevado (14-15%) na primeira parte do perfil de Chernozems em comparação com a parte inferior (9-10%). No podzólico amarelo, pelo contrário, nas partes inferiores é mais elevado (9-10%) e nas partes superiores é significativamente mais baixo (2-4%).

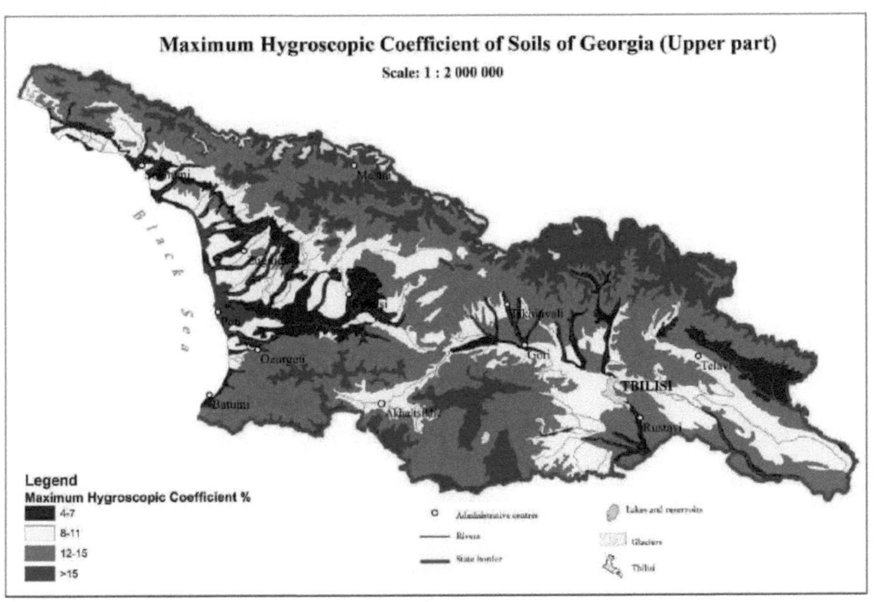

O teor de água hidroscópica tem sido estudado por muitos cientistas [25-28, 40, 42, 56].

Teor de água hidroscópica na camada de 0-20 cm (%): Prado de montanha (16,2) > Vermelho (15,0) > Floresta castanha (14,6) > Cinamónica cinzenta (14,2) > Cinamónica de prado (12,3) > Floresta castanha amarela (12,1) > Chernozem (12.0) > Pântano (11,8) > Cinamónico cinzento dos prados (11,5) > Preto (11,0) > Cinamónico (10,0) > Podzólico amarelo (8,0) > Carbonato bruto (7,9) > Salino (6,2) > Amarelo (6,0) > Aluvial (4,7).

Na camada de 20-50 cm (%): Cinamónico cinzento (14,8) > Vermelho (14,5) > Cinamónico de prado (13,9) > Pântano (13,6) > Floresta castanha (13,4) > Prado de montanha (13,1) > Floresta castanha amarela (12,7) > Podzólico amarelo (12,6) > Cinamónico (12,1) > Chernozem (12,0) > Prado cinzento cinamónico (10,5), Preto (10,5) > Carbonato bruto (7,4) > Salino (7,2) > Amarelo (6,7) > Aluvial (4,7).

Na camada de 50-100 cm (%): Podzólico amarelo (15,8) > Cinamónico cinzento (15,8) > Pântano (14,6) > Cinamónico dos prados (14,2) > Floresta castanha amarela (12,5), Cinamónica (12,5) > Negra (12,4) > Floresta castanha (12,2) > Cinamónico dos prados (12.0) > Vermelha (11,5) > Cinamónica cinzenta dos prados (10,8) > Preta (10,6) > Salina (6,0) > Amarela (5,8) > Carbonatada crua (5,5) > Aluvial (4,9).

A espessura da membrana de humidade hidroscópica diminui com a diminuição do diâmetro das unidades de adsorção; consequentemente, com o aumento do diâmetro das unidades, a humidade hidroscópica também aumenta, mas não o contrário, mas um pouco menos. Esta condição é bem observada nos solos estudados: Prados de montanha, Vermelhos, Cinzentos cinzentos, Cinzentos cinzentos, Prados cinzentos e Bosques castanhos amarelos e nos solos mais baixos: Pântanos, Amarelos, Carbonatos brutos e Aluviais.

Água produtiva no perfil e seu cálculo

A humidade acima do ponto de murcha permanente é a quantidade de humidade que a planta pode utilizar no início do seu ciclo de vida na camada de 0-20 cm. Só a sua quantidade suficiente permite o crescimento das plantas.

Medição da capacidade de humidade no campo na camada de 0-50 cm se a quantidade de humidade for 85 mm o ponto de murcha permanente para a mesma camada será 45 mm. Então podemos expor a água produtiva, pois a diferença de 40 mm entre eles é de 45 mm na camada de 0-50 cm. A água produtiva é exposta em percentagem.

Em 0-20 cm, a água produtiva (mm) pode ser avaliada de acordo com esta escala:

1) Bom fornecimento > 40 mm

2) Satisfatório 20 - 40 mm

3) Não satisfatório < 20 mm

Na camada de 0-100 cm, o fornecimento é:

1) Muito bom > 160 mm

2) Bom 160- 130mm

3) Satisfatório 130-90 mm

4) Mau 90 - 60 mm

5) Muito mau < 60 mm

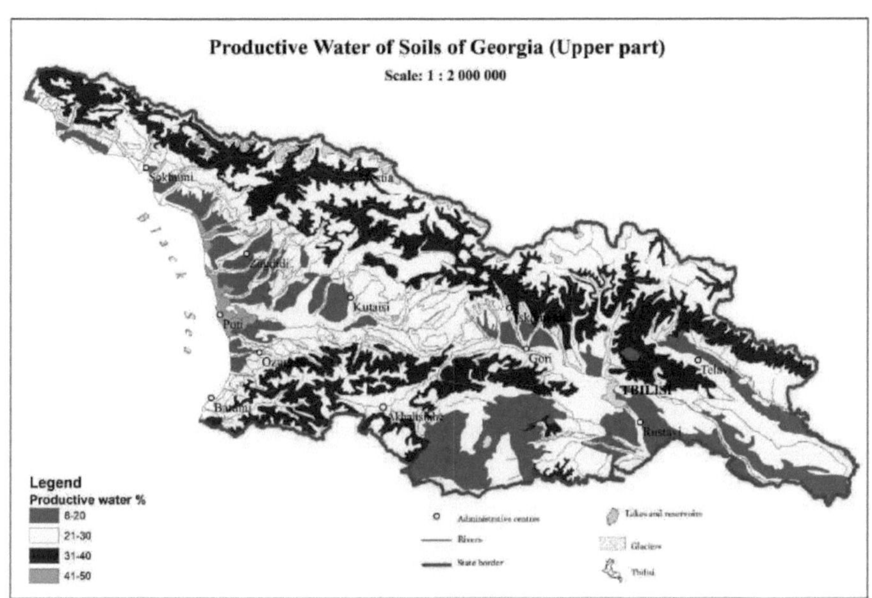

A água produtiva dos solos da Geórgia foi estudada por [27, 28, 30, 33, 34, 40-42].

Quantidade de água produtiva na camada de 0-20 cm (%): Pântano (49,2) > Floresta castanha (35,0) > Preta (28,6) > Aluvial (26,1) > Cinamónica (25,7) > Prado cinzento canela (25,6) > Prado de montanha (24,8) > Vermelha (24.0) > Amarelo (23,5) > Salino (22,9) > Carbonato bruto (22,2) > Floresta castanha amarela (21,8) > Chernozem (18,9) > Podzólico amarelo (17,9) > Cinamónico cinzento (17,5) > Cinamónico de prado (17,3).

Camada de 20-50 cm (%): Pântano (50.0) > Floresta castanha (34,7) > Cinamónico cinzento (27,9) > Aluvial (25,8) > Preto (25,6) > Cinamónico cinzento prado (24,9) > Cinamónico (22,1) > Carbonato bruto (21,8) > Prados de montanha (20,7) > Floresta castanha amarela (20,4) > Chernozem (19,1) > Amarelo (18,8) > Salino (15,2) > Vermelho (15.0) > Amarelo podzólico (11,2) > Prado cinamónico (10,2).

Camada 50-100 cm (%): Pântano (50,2) > Floresta castanha (28,1) > Aluvião (24,0) > Preto (23,7) > Cinamónico (22,1) > Vermelho (21,7) > Cinamónico cinzento (21,3) > Cinamónico cinzento dos prados (20,9) > Carbonato bruto (20,6)

> Prado de montanha (20,1) > Amarelo (19,5) > Floresta castanha amarela (16,8) > Chernozem (14,7) > Salino (11,7) > Podzólico amarelo (9,5) > Prado cinamónico (8,8).

Desta forma, na camada de 0-20 cm, o abastecimento de água para as plantas é bom:

Floresta castanha, solos negros, aluviais, cinamónicos, cinamónicos de prado, de prado de montanha, vermelhos e amarelos;

Fornecimento satisfatório:

Salino, Carbonato cru, Floresta castanha amarela;

Fornecimento não satisfatório:

Chernozem, Yellow podzolic, Grey cinnamonic, Meadow cinnamonic.

A mesma situação verifica-se na camada de 20-50 cm.

E na camada de 0-100 cm é bom em pântano, floresta castanha, aluvial, preto, cinamónico, vermelho, cinamónico cinzento, cinamónico cinzento de prado.

Não satisfatório é em Amarelo, Amarelo floresta castanha, Salino, Amarelo podzólico, Prado cinamónico e Chernozems.

Poros com ar

A maior parte do solo é constituída por poros cheios de ar e só uma humidade muito forte pode transformá-los em canais para o movimento de transição da água. Estes são os poros com ar. Para a agricultura, os poros mais úteis são os poros activos que são preenchidos com água capilar e poros cheios de ar que não devem ser inferiores a 20-25% da porosidade total.

A composição do ar do solo tem um nível muito elevado de flutuação entre a quantidade de oxigénio e de CO_2. No ar do solo, em comparação com o ar atmosférico, há sempre menos oxigénio e mais dióxido de carbono. Este facto é causado pelos processos bioquímicos do solo. As raízes das plantas e os organismos do solo gastam grandes quantidades de O_2 do ar do solo, o que provoca a falta de oxigénio no ar do solo.

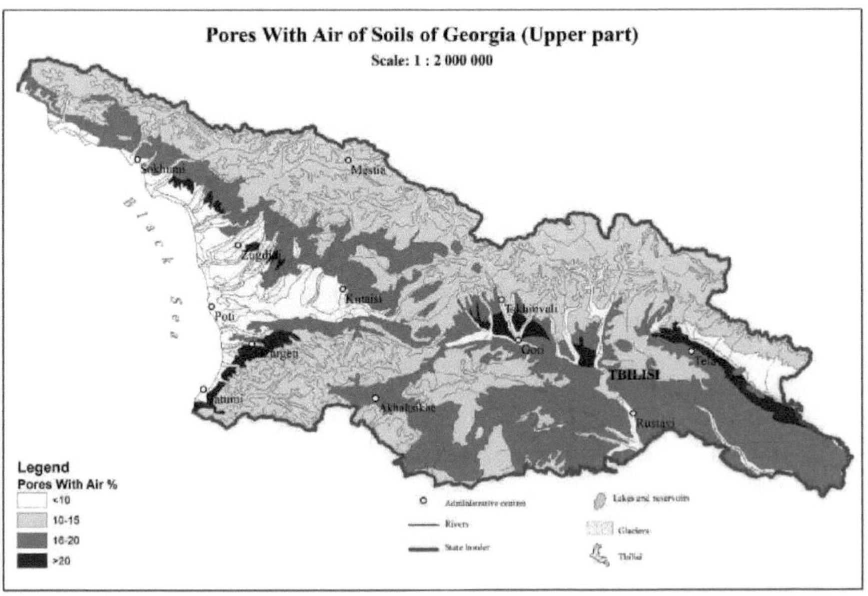

Os poros dos solos da Geórgia com ar foram estudados por muito poucos cientistas [27, 28, 40, 42].

Os solos da Geórgia têm poros com ar na camada de 0-20 cm (%): Vermelho (24,87) > Carbonato bruto (22,96) > Chernozem (21,71) > Cinamónico cinzento de prado (18,63) > Cinamónico cinzento (18,10) > Salino (Meliorado) (18.00) > Cinamónico (17,60) > Preto (17.00) > Amarelo (16,81) > Prado cinamónico (16,05) >

Floresta castanha (14,80) > Prado de montanha (14,20) > Floresta castanha amarela (10,24) > Podzólico amarelo (8,48) > Pântano (7,15) > Aluvial (6.00).

Na camada de 20-50 cm (%): Vermelha (22,19) > Cinamónica de prado (20,36) > Carbonatada crua (18,86) > Preta (17,2) > Chernozem (15,2) > Cinamónica (14,9) > Cinamónica cinzenta (13,7) > Floresta castanha amarela (11,8) > Cinamónica cinzenta de prado (10,45) > Salina (10.00) > Aluvial (9,98) > Podzólico amarelo (9,68) > Amarelo (8,04) > Prado de montanha (6,34) > Pântano (3,50).

Na camada de 50-100 cm (%): Cinamónico cinzento (21.00) > Vermelho (18,20) > Preto (17,30) > Aluvial (16,39) > Carbonato bruto (16,55) > Cinamónico dos prados (16,66) > Cinamónico cinzento dos prados (15,16) > Chernozem (15,70) > Cinamónico (11,80) > Prado de montanha (10,25) > Floresta castanha amarela (10,12) > Pântano (9,48) > Salino (Meliorado) (8.00) > Floresta castanha (5.00) > Amarela (3,41) > Podzólico amarelo (0,65).

Assim, na camada de 0-20 cm, os solos de floresta castanha amarela, podzólico amarelo, pantanoso e aluvial não conseguem satisfazer as melhores condições para o desenvolvimento das plantas com poros cheios de ar, razão pela qual é inevitável remover o excesso de humidade e proceder a um tratamento de melhoria. Nos outros solos, os cinco primeiros tipos têm bons poros com ar e os sete tipos seguintes têm um índice satisfatório de poros com ar.

Na camada de 20-50 cm, os solos vermelho, cinamónico dos prados e carbonato cru são os melhores tipos de solo com poros com ar para as plantas. Os solos pretos, chernozem, cinamónicos, cinamónicos cinzentos e os solos florestais castanhos amarelos têm poros médios e os oito tipos de solo seguintes têm poros com ar não satisfatórios e necessitam de um tratamento especial de melhoramento.

Na camada de 50-100 cm, os solos cinzento-cinamónico e vermelho são os melhores. Os cinco tipos de solo seguintes têm condições satisfatórias e os oito tipos seguintes necessitam de tratamento especial de melhoramento.

Assim, os poros cheios de ar na camada de 0-100 cm têm alguma regulação e os melhores tipos de solo são os solos vermelho, cinzento-cinamónico, carbonato cru e Chernozem. O tratamento de melhoramento é necessário para: Podzólico amarelo, Salino, Floresta castanha, Floresta castanha amarela e Solos de pântano.

CAPÍTULO 5

Conclusão

Os solos da Geórgia têm um amplo espetro de propriedades físicas.

A permeabilidade à água na camada **de 0-20 cm** tem as medidas mais elevadas (mm/min) nos solos Aluvial (594,0), Prados de montanha (492,0) e Prados cinzentos cinamónicos (450,0); as medidas mais baixas nos solos Amarelo (90,0), Salino (39,0) e Pântano (8,4); os valores médios oscilam entre 594,0 e 8,4. Na camada de **20-50 cm, as medições** mais elevadas têm (mm/min) os solos Chernozem (840,0), Vermelho (750,0) e Cinamónico de Prado (462,0); as medições mais baixas têm os solos Floresta castanha (92,0), Amarelo (67,0) e Pântano (2,4); os valores médios oscilam entre 840,0 e 2,4. Na camada de **50-100 cm** os solos com maior densidade aparente são (mm/min): Cinamónico (650,0), Chernozem (615,0) e Carbonato Bruto (545,0); e os mais baixos são Cinamónico cinzento sódico (57,0), Amarelo (35,0) e Pântano (0,42); os valores variam entre 650,0 e 0,42.

A densidade aparente na camada de 0-20 cm tem as medidas mais elevadas (%) nos solos Podzólico Amarelo (1,43), Aluvial (1,21) e Cinamónico de Prados (1,19); as medidas mais baixas nos solos Preto (0,99), Vermelho (0,92) e Pântano (0,91); os valores oscilam entre 1,43 e 0,91.Na camada de 20-50 cm, as medições mais elevadas registam-se nos solos (%) Podzólico Amarelo (1,43), Amarelo (1,40) e Salino (1,40); as medições mais baixas registam-se nos solos Chernozem (1,12), Vermelho (1,07) e Pântano (0,9); os valores variam entre 1,43 e 0,90. Na camada de 50-100 cm, os solos com maior densidade de lama são (%): Amarelo (1,60), Floresta castanha (1,58), Podzólico amarelo (1,47); e os mais baixos são: Carbonato cru (1,16), Vermelho (1,05) e Pântano (0,82); os valores variam entre 1,60 e 0,82.

A densidade das partículas na camada de 0-20 cm tem as medidas mais elevadas (g/cm^3) nos solos de Prado cinzento cinnamónico (2,71), Pântano (2,70) e Cinzento cinnamónico (2,68); as medidas mais baixas em Prado de montanha (2,37), Chernozems (2,28) e Floresta castanha amarela (2,21); os valores médios oscilam entre 2,71 e 2,21. Na camada de 20-50 cm, os solos com as medidas mais elevadas (g/cm3) são os solos de pântano (2,77), de prado cinzento cinzento cinzento (2,77) e preto (2,75); as medidas mais baixas são as dos solos de floresta castanha (2,50), de chernozem (2,38) e de prado de montanha (2,38); os valores médios oscilam entre 2,77 e 2,38. Na camada de 50-100 cm, os solos com maior densidade aparente são (g/cm3): Pântano (2,85), Negro (2,82) e Prados cinzentos cinzentos cinzentos (2,80); e os mais baixos são os solos de Chernozem (2,49), Prados de montanha (2,44) e Floresta castanha (2,41); os valores variam entre 2,85 e 2,41.

A porosidade total na camada de 0-20 cm tem as medidas mais elevadas (g/cm3) nos solos Pântano (67,1), Preto (61,8) e Vermelho (60,0); as medidas mais baixas no Prado cinamónico (51,2), Aluvião (50,8) e Podzólico Amarelo 44,4; os valores médios oscilam entre 67,1 e 44,4. Na camada de 20-50 cm, as medições mais elevadas têm (g/cm3) os solos Pântano (68,2), Negro (59,8) e Vermelho (58,5); as medições mais baixas têm os solos Floresta castanha (49,6), Amarelo (46,8) e Podzólico amarelo (45,4); os valores de referência flutuam entre 68,2 e 45,4. Na camada de 50-100 cm, os solos com maior densidade de massa são (g/cm3): Pântano (77,3), Vermelho (59,3) e Cinamónico cinzento dos prados (56,8); e os mais baixos são Floresta castanha amarela (46,6), Podzólico amarelo (45,2) e Amarelo (40,5); os valores variam entre 77,3 e 40,5.

A porosidade capilar (porosidade ativa) na camada de 0-20 cm tem as medições mais elevadas (%) nos solos de Pântano (62,2), Amarelo floresta castanha (45,9) e Vermelho (45,0); as medições mais baixas nos solos Salino (31,1), Amarelo podzólico (27,6) e Amarelo (25,8); os valores médios oscilam entre 62,2 e 25,8. Na camada de 20-50 cm, as medições mais elevadas são as dos solos (%) Pântano (65,2), Vermelho (58,5) e Cinamónico cinzento dos prados (50,3); as medições mais baixas são as dos solos Cinamónico dos prados (34,7), Podzólico amarelo (29,7) e Amarelo (17,6); os valores médios oscilam entre 65,2 e 17,6. Na camada de 50-100 cm, os solos com maior densidade de lamas são (%) Pântano (65,7), Prados cinzentos cinzentos cinzentos (49,3) e Prados de montanha (41,5); e os mais baixos são os solos Salinos (33,3), Podzólicos amarelos (32,5) e Amarelos (12,2); os valores de referência oscilam entre 65,7 e 12,2.

A porosidade não capilar na camada **de 0-20 cm** tem as medidas mais altas (%) nos solos Vermelho (28,0), Amarelo (27,9) e Cinzento Cinamónico (27,1); as medidas mais baixas nos solos Aluvial (15,0), Amarelo de Floresta Castanha (9,6) e Pântano (4,9); os valores médios oscilam entre 28,0 e 4,9. Na camada de **20-50 cm,** **as** medições mais elevadas têm (%) solos Salinos (30,0), Amarelos (29,2) e Cinzentos cinzentos (24,4); as medições mais baixas têm solos Amarelos (9,6), Cinzentos cinzentos (7,6) e Pântanos (3,0); os valores médios oscilam entre 30,0 e 3,0. Na camada de **50-100 cm,** os solos com maior densidade aparente são (%): Cinamónico cinzento (31,1), Amarelo (28,3) e Salino (23,4); e os mais baixos são os solos Cinamónico cinzento de prado (8,5), Aluvial (8,1) e Floresta castanha amarela (5,2); os valores variam entre 31,1 e 5,2.

A capacidade de água capilar na camada **de 0-20 cm tem** as maiores medidas (%) nos solos Pântano (70,0), Mata Parda (44,9) e Preto (41,9); as menores medidas nos solos Podzólico Amarelo (18,5), Vermelho (13,5) e Mata Parda Amarela (9,8); as médias oscilam entre 70,0 e 9,8. Na camada de **20-50 cm, as** medidas mais elevadas têm (%) os solos Pântano (74,0), Negro (41,9) e Cinamónico (39,9); as medidas mais baixas têm os solos Podzólico amarelo (15,6), Floresta castanha amarela (13,3) e Amarelo (10,6); os valores de referência flutuam entre 74,0 e 10,6. Na camada de **50-100 cm** os solos com maior densidade aparente são (%): Pântano (80,4), Preto (40,7) e Floresta castanha (40,5); e os mais baixos são Cinzento cinamónico (19,7), Floresta castanha amarela (15,4) e Amarelo (4,5); os dados oscilam entre 80,4 e 4,5.

A capacidade de água de saturação na camada **de 0-20 cm** tem as medidas mais elevadas (%) nos solos de Pântano (74,9), Vermelho (62,2) e Floresta castanha (60,2); as medidas mais baixas nos solos Amarelo (45,5), Cinamónico (45,2) e Podzólico amarelo (30,7); os valores médios oscilam entre 74,9 e 30,7. Na camada de **20-50 cm, as** medições mais elevadas têm (%) solos de pântano (76,6), floresta castanha (60,9) e vermelho (60,1); as medições mais baixas têm solos cinzentos cinamónicos (41,3), amarelos (35,2) e amarelos podzólicos (32,7); os valores médios oscilam entre 76,6 e 32,7. Na camada de **50-100 cm,** os solos com maior densidade de lamas são (%) Pântano (82,8), Vermelho (61,5) e Carbonato Bruto (47,2); e os mais baixos são Aluvial (39,2), Podzólico Amarelo (34,4) e Amarelo (33,4); os valores variam entre 82,8 e 33,4.

A capacidade de campo na camada **de 0-20 cm tem** as medidas mais elevadas (%) nos solos Pântano (66,9), Floresta castanha (49,6) e Vermelho (48,5); as medidas mais baixas nos solos Cinamónico de prado (33,6), Carbonato cru (33,1) e Podzólico amarelo (28,3); os valores oscilam entre 66,9 e 28,3. Na camada de **20-50 cm, as** medidas mais elevadas são as dos solos (%) de pântano (70,7), cinzento-cinamónico (48,3) e castanho-florestal (48,1); as medidas mais baixas são as dos solos de prado-cinzento (31,7), amarelo-podzólico (29,9) e amarelo (29,6); os valores variam entre 70,7 e 29,6. Na camada de **50-100 cm,** os solos com maior densidade de lamas são (%): Pântano (72,1), Cinamónico (49,6) e Salino (44,5); e os mais baixos são os solos Amarelo floresta castanha (31,0), Amarelo podzólico (29,0) e Amarelo (28,9); os valores de referência oscilam entre 72,1 e 28,9.

O ponto de murcha permanente na camada **de 0-20 cm tem** as medidas mais elevadas (%) nos solos Cinzento cinamónico (24,8), Vermelho (24,5) e Prados de montanha (24,3); as medidas mais baixas nos solos Carbonato cru (11,9), Amarelo (10,5) e Aluvial (7,1); os valores oscilam entre 24,8 e 7,1. Na camada de **20-50 cm** as medidas mais elevadas têm (%) solos Cinzento cinamónico (28,9), Vermelho (23,0) e Cinamónico de várzea (20,8); as medidas mais baixas têm solos Carbonato cru (12,6) > Amarelo (10,8) > Aluvial (7,11); os valores oscilam entre 28,9 e 7,11. Na camada de **50-100 cm** os solos com maior densidade aparente são (%): Cinamónico cinzento (26,1), Cinamónico de várzea (21,2) e Salino (19,2); e os mais baixos são Carbonato cru (8,2), Aluvial (7,2) e Amarelo (5,8); os valores médios oscilam entre 26,1 e 5,8.

O teor de água higroscópica na camada **de 0-20 cm** tem as medidas mais elevadas (%) nos solos de prado de montanha (16,2), vermelho (15,0) e floresta castanha (14,6); as medidas mais baixas nos solos salino (6,2), amarelo (6,0) e aluvial (4,7); os valores médios oscilam entre 16,2 e 4,7. Na camada de **20-50 cm, as medições** mais elevadas têm (%) solos cinzento-cinzentos (14,8), vermelhos (14,5) e cinzentos-prados (13,9); as medições mais baixas têm solos salinos (7,2), amarelos (6,7) e aluviais (4,7); os valores médios oscilam entre 14,8 e 4,7. Na camada de **50-100 cm** os solos com maior densidade aparente são (%): Podzólico Amarelo (15,8), Cinzento Cinamónico (15,8) e Pântano (14,6); e os mais baixos são os solos Amarelo (5,8), Carbonato Bruto (5,5) e Aluvial (4,9); os valores médios oscilam entre 15,8 e 4,9.

A produção de água no perfil e o seu cálculo na camada **de 0-20 cm** têm as maiores medidas (%) nos solos Pântano (49,2), Floresta Castanha (35,0) e Preto (28,6); as menores medidas nos solos Podzólico Amarelo

(17,9), Cinzento Cinamónico (17,5) e Cinzento Pradaria (17,3); os valores oscilam entre 49,2 e 17,3. Na camada de **20-50 cm os solos com** maiores valores (%) são os de Pântano (50,0), Floresta castanha (34,7) e Cinamónico cinzento (27,9); os solos com menores valores são os de Vermelho (15,0), Podzólico amarelo (11,2) e Cinamónico de prado (10,2); os valores oscilam entre 50,0 e 10,2. Na camada de **50-100 cm** os solos com maior densidade aparente são (%): Pântano (50,2), Floresta castanha (28,1) e Aluvião (24,0); e os mais baixos são Solos salinos (11,7), Podzólico amarelo (9,5) e Cinamónico de prado (8,8); os dados flutuam entre 50,2 e 8,8.

Os poros com ar na camada **de 0-20 cm têm** as medidas mais altas (%) nos solos Vermelho (24,87), Carbonato cru (22,96) e Chernozem (21,71); as medidas mais baixas nos podzólicos Amarelo (8,48), Pântano (7,15) e Aluvial (6,00); os dados oscilam entre 8,48 e 6,00. Na camada de **20-50 cm, as** medições mais elevadas têm (%) os solos Vermelho (22,19), Cinamónico de Prado (20,36) e Carbonato Bruto (18,86); as medições mais baixas têm os solos Amarelo (8,04), Prados de Montanha (6,34) e Pântano (3,50); os valores de referência flutuam entre 22,19 e 3,50. Na camada de **50-100 cm,** os solos com maior densidade de massa são (%): Cinzento-cinamónico (21,00), Vermelho (18,20) e Preto (17,30); e os solos mais baixos são Floresta castanha (5,00), Amarelo (3,41) e Podzólico amarelo (0,65); os valores variam entre 21,00 e 0,65.

Tabela: Propriedades físicas dos solos da Geórgia [76]

Layer	Water permeability, mm/sec	Bulk density g/cm³	Partical density g/cm³	Porosity, % Total	Capillary	Non-capillary	Water capacity, % Capillary	Full	Field	Permanent wilting point	Hydro-scopic water content	Produc-tive water	Pores with air
Red soil (Ferralic Nitisols, Haplic Nitisols)													
I	202,2	0,92	2,38	60,00	45,00	28,00	13,50	62,20	48,50	24,50	15,00	24,00	21,87
II	400,0	1,07	2,59	58,50	38,00	20,50	21,50	60,10	38,00	23,00	14,50	15,00	22,19
III	336,0	1,05	2,61	59,30	41,21	18,09	20,30	61,50	41,20	20,50	11,50	21.70	18,21
Yellow soil (Ferric Luvisols)													
I	90,6	1,10	2,55	53,70	25,80	27,90	21,30	45,50	34,20	10,50	6,00	23,70	16,81
II	67,2	1,40	2,67	46,80	17,60	29,20	10,60	40,20	29,60	10,80	6,70	18,80	8,04
III	35,4	1,60	2,69	40,50	12,20	28,30	4,50	33,40	28,90	9,40	5,80	19,50	3,41
Bog soil (Dystric Gleysols, Eutric Gletsols, Histosols)													
I	8,4	0,91	2,70	67,10	62,2	4,9	70,0	74,9	66,9	17,70	49,20	49,20	7,15
II	2,4	0,90	2,77	68,20	65,2	3,0	74,0	76,6	70,7	20,40	50,00	50,00	3,50
III	0,42	0,82	2,85	77,30	65,7	11,9	80,4	82,8	72,1	21,90	50,20	50,20	9,48
Yellow Yellow podzolicic soil (Stagnic Acrisols, Ferric Acrisols)													
I	150,0	1,43	2,57	44,36	27,49	16,87	18,53	30,68	28,34	12,05	8,03	16,89	8,48
II	162,0	1,43	2,63	45,36	29,71	15,92	15,57	32,74	29,99	18,83	12,55	11,16	9,68
III	114,0	1,47	2,68	45,15	32,47	12,68	25,58	34,35	29,05	23,63	15,76	9,45	0,65
Yellow Brown Forest soil (Stagnic Luvisols, Mollic Luvisols, Humic Luvisols, Ferric Luvisols)													
I	168,0	1,04	2,21	55,3	45,7	9,6	9,8	50,1	40,3	18,2	12,1	21,80	10,24
II	154,5	1,30	2,50	54,4	44,8	9,6	13,3	48,0	35,7	15,3	12,7	20,40	11,80
III	80,9	1,32	2,60	46,6	41,4	5,2	15,4	46,4	31,0	14,1	12,5	16,80	10,12
Brown Forest soil (Humic Cambisols, Ferric Cambisols, Eutric Cambisols, Dystric Cambisols)													
I	99,5	1,15	2,59	55,89	36,60	21,38	44,85	60,20	49,60	21,30	14,60	35,00	14,80
II	92,0	1,34	2,50	49,57	35,12	14,45	39,13	60,90	48,10	20,10	13,40	34,70	9,58
III	84,0	1,58	2,41	55,59	35,00	20,59	40,50	45,00	40,30	18,30	12,20	28,10	5,00
Raw Carbonate soil (Rendzic Leptosols)													
I	350,9	1,09	2,50	56,40	36,34	20,06	35,13	55,70	34,12	11,89	7,93	22,23	22,96
II	420,7	1,12	2,52	55,55	35,93	14,82	34,85	52,19	34,39	12,58	8,39	21,81	18,88
III	545,4	1,16	2,49	53,41	38,75	14,66	35,08	47,21	33,08	8,20	5,47	20,61	16,55
Cinnamonic soil (Chromic Cambisols, Calcaric Cambisols, Humic Cambisols, Eutric Cambisols)													

I	390,0	1,07	2,48	56,84	41,37	15,48	40,55	45,20	39,15	13,50	10,01	25,65	17,61
II	450,0	1,17	2,51	53,17	41,30	11,87	39,85	43,54	38,29	16,20	12,10	22,09	14,92
III	650,0	1,25	2,58	51,55	41,07	9,48	40,15	42,24	39,75	16,70	12,50	22,05	11,80
Meadow Cinnamonic soil (Chromic Cambisols, Calcaric Cambisols, Gleyic Cambisols, Eutric Cambisols)												
I	105,0	1,19	2,46	51,21	31,20	20,01	36,58	46,81	33,64	18,37	12,25	17,27	16,05
II	462,0	1,24	2,52	50,79	34,67	16,12	33,30	48,11	31,07	20,83	13,89	10,24	20,36
III	282,0	1,31	2,55	50,19	37,64	10,55	31,84	43,55	31,14	21,24	14,16	8,80	16,66
Grey Cinnamonic soil (Calcic Kastanozems, Vertic Kastanozems)												
I	216,0	1,13	2,68	60,28	40,64	27,13	21,65	45,84	42,22	24,76	14,21	17,46	18,12
II	108,0	1,15	2,72	57,73	38,34	24,41	24,00	41,29	42,03	28,87	14,80	27,28	13,74
III	57,0	1,18	2,73	58,36	39,92	31,05	19,68	43,84	37,44	26,12	15,79	21,32	21,06
Meadow Grey Cinnamonic soil (Haplic Kastanozems, Gleyic Kastanozems, Vertic Kastanozems)												
I	450,5	1,08	2,71	60,15	43,72	16,43	20,54	50,86	45,74	15,90	11,50	25,64	18,63
II	395,2	1,18	2,77	57,70	50,26	7,14	21,28	42,15	40,87	15,90	10,50	24,97	10,45
III	280,1	1,21	2,80	57,81	49,50	8,51	21,50	42,95	37,05	16,10	10,80	20,95	15,16
Black soil (Haplic Vertisols)												
I	222,0	0,99	2,60	62,09	41,89	20,20	41,89	47,42	45,10	16,48	10,99	28,62	17,07
II	261,0	1,12	2,75	58,81	42,12	13,69	42,12	43, 56	41,57	15,67	10,45	25,62	17,25
III	225,0	1,22	2,82	56,90	41,12	16,22	40,68	41,88	39,55	15,82	10,55	23,73	17,30
Chernozems (Voronic Chernozems, Calcic Chernozems)												
I	420,0	1,07	2,28	58,73	39,38	19,35	38,15	56,89	37,02	18,09	12,06	18,93	21,75
II	840,0	1,12	2,38	52,94	35,60	17,88	37,90	49,65	37,19	18,06	12,03	19,13	15,25
III	615,0	1,27	2,49	48,95	35,91	13,04	35,21	42,10	33,31	18,66	12,44	14,65	15,7o
Mountain Meadow soils (Hyperdistric Umbrisols)												
I	222,0	1,03	2,37	56,53	41,08	15,45	40,51	53,98	41,01	24,30	16,20	24,81	14,20
II	492,0	1,15	2,38	51,68	38,41	13,28	39,12	46,21	40,25	19,60	13,10	20,65	6,34
III	111,0	1,18	2,44	51,63	41,51	10,12	39,35	44,72	38,11	18,00	12,00	20,11	10,25
Saline Soil (Vertic Saline, Mollic Solonetz)												
I	39,6	1,14	2,60	56,48	31,08	19,03	35,11	50,14	38,88	15,97	6,23	22,91	18,05
II	102,0	1,40	2,63	48,85	37,78	30,06	31,18	45,85	32,72	17,56	7,21	15,16	10,00
III	120,0	1,45	2,63	48,47	33,32	23,41	30,19	43,14	30,71	19,20	6,02	11,69	8,05
Alluvila Soil (Gleyic Fluvisols, Eutric Fluvisos, Dystric Fluvisols)												
I	594,0	1,21	2,46	50,81	35,75	15,06	35,61	45,73	33,19	7,09	4,73	26,10	6,53
II	373,0	1,27	2,59	50,98	39,84	11,14	34,39	43,51	33,85	7,09	4,73	25,76	9,98
III	127,0	1,32	2,59	49,07	40,98	8,09	32,85	39,19	31,21	7,20	4,80	24,01	16,39

CAPÍTULO 6

Agradecimentos

Este trabalho foi apoiado pela Fundação Nacional de Ciências Shota Rustaveli da Geórgia (Subvenção número: FR/191/10-105/14).

REFERÊNCIAS

[1]   Urushadze T. The Main Soils of Georgia, Metzniereba, Tbilisi, 1997 (em georgiano).

[2] Tengiz F. Urushadze, Giorgi O. Gambashidze, Soils of Georgia. Em Soil resources of Mediterranean and Caucasus countries, Comissão Europeia, 2013, pp. 83-101.

[3]   Tengiz F. Urushadze, Winfried E.H. Blum, Soils of Georgia, Nova publishers, Nova Iorque, 2014,

[4]   Teorias e Métodos da Física do Solo, "Grif e C", 2007, (em russo)

[5] A.F. Vadiunina, Z.A. Korchagina, Methods for Investigate Physical Properties of Soils, Agropromizdat, Moscovo, 1986 (em russo).

[6]   S.V. Astapov, Melioration Soil Science, Gos, Izd, s/kh Literatura, 1958, 367 (em russo)

[7] V. Gulisashvili, Changes in main elements of physical properties of the brown forest soils turned to temporary use under agricultural crops, in: Procedimentos do Instituto Agrícola da Geórgia, X111, 1941, pp.152-168 (em georgiano).

[8] V.S. Gulisashvili, Propriedades físicas das zonas alpinas, subalpinas da floresta e seu significado de proteção da água, em: Proceeding ofForest Institute, 2, 1945, pp. 10-18 (em russo).

[9] N. Kvarachelia, Changes of the water properties of Yellow podzolicic soils on the influence of longstanding grasses, in: Proceedings of the Institute of Soil Science, 2003, pp. 279-283 (em georgiano).

[10] G. Tarasashvili, Materials about investigate influence of different intensive of selective cutting on water regime and erosion phenomenon in pine stand, in; Proceeding ofForest Institute, V11, 1957, pp. 140165 (em georgiano).

[11] G. Kostava, A. Risina, Hydrological regime of the soils of central part of Kolkheti lowland, in: Proceeding of the Institute ofSoil Science, XV, 1960, pp. 87-100 (em georgiano).

[12] L. Azmaiparashvili, Water rules of mountain slopes soils covering by forest cultures, in: Proceeding ofForest Institute, X, 1961, pp. 43-63 (em georgiano).

[13] I. Beriashvili, Influence of mountain forests on the microclimate and its meaning on the productivity of the agricultural cultures, in: Proceeding ofForest Institute, X1, 1962, pp. 77-90 (em georgiano).

[14] G. Kharaishvili, Papel hidrológico da erosão contra cinturões florestais e seleção da sua construção para a Geórgia Oriental, em: Proceeding ofForest Institute, XV11, 1967, pp. 67-80 (em russo).

[15] L. Azmaiparashvili, Changes of the physical and water rule properties of forest soils at its assimilation under agricultural cultures, in: Proceeding ofForest Institute, XV11,1967, pp. 52-66 (em russo).

[16] R.G. Chagelishvili, Influence of different cutting systems on the physical properties of mountain forest soils, in: Proceeding ofForest Institute, XV1, 1967, pp. 82-95 (em russo).

[17] L. Azmaiparashvili, Changes of the main physical properties of forest soils on narrow cutting area of clear cutting in mountain conditions of Georgia, in: Proceeding ofForest Institute, X1X, 1967, pp. 121-134(em russo).

[18] L. S. Azmaiparashvili, 0.1. Dvalishvili, Investigate of water protection function of mountain forests at extreme its thinning, in: Proceeding ofForest Institute, XX111, 1974, pp. 3-14 (em russo).

[19] T.F. Urushadze, J. V. Lomidze, Chances in water regime of brown forest soils of Georgia under the effect of silvicultural practices, J. Pochvovedenie 6 (1977), 55-62 (em russo).

[20] A.A. Gedenidze, Melioration role of alder forests in lowland part of Kolcheti, in Questions of mountain forestry in Georgia, XXV, 1977, pp. 52-54 (em russo).

[21] L.S. Azmaiparashvili, G.I. Kharaishvili, 0.I. Dvalishvili, N.G. Tarasashvili, Peculiaridades dos solos de florestas subalpinas e prados alpinos e seu significado na regulação do regime hídrico, em: Questions of mountain forestry in Georgia, XXV11, 1978, pp. 29-38 (em russo).

[22] G.I. Kharaishvili, 0.I. Dvalishvili, L. S. Azmaiparashvili, N.G. Tarasashvili, Influência das florestas subalpinas e dos prados alpinos nas propriedades físico-hídricas dos solos e do escoamento superficial na torrente de montanha da bacia do rio Tskhenis-Tskali, em: Questões de promoção da produtividade das florestas de montanha, XXX, 1980, pp. 11-26 (em russo).

[23] L.S. Azmaiparashvili, G.I. Kharaishvili, 0.I. Dvalishvili, N.G. Tarasashvili, Influência das florestas subalpinas e dos prados alpinos nas propriedades físico-hídricas dos solos e do escoamento superficial na torrente de montanha da bacia do rio Aragvi, em: Proceeding of Mountain Forest Institute, XXV111, 1980, pp. 8996 (em russo).

[24] A. Mosolova J. Kupa, Influence of kvali on soil structure and water-proof, J. cultures, 3 (1982) 136-138 (em georgiano)

[25] J.V. Lomidze, Some water-physical properties of soils of arid low density stands, in: Proceeding ofV.Z. Gulisashvili Mountain Forest Institute, XXX111, 1985, pp. 51-56 (em russo).

[26] G.N. Tarasashvili, V.V. Amiranidze, E.P. Beridze, Regime hídrico dos solos da reserva de Ajameti, em: Proceeding ofV.Z. Gulisashvili Mountain Forest Institute, XXX111, 1985, pp. 91-102 (em russo).

[27] L. Jorbenadze, K. Mechi, M. Madzgarashvili. Water-physical properties of the melioration saltsaline soils of Alazani valley, in: Proceedings of the Institute of Soil Science, 30, 1989, pp. 202-219 (em georgiano).

[28] L. Jorbenadze, N. Tugushi, Tecnologia ecológica fiável de cultivo intensivo de solos salgados e salinos, em: Proceedings of the Institute ofSoil Science, 37, 2000, pp. 251-260 (em russo).

[29] L. Dolidze, Influence of final cutting on forest restoration and main physical properties of soils in beech forest of Georgia, J. Lesnoijournal 5-6 (2001) 42-46 (em russo).

[30] L.T. Jorbenadze, Modern condition of salt and solonets soils of Eastern Georgia and problems of its genesis, in: Proceeding of the Institute of Soil Science, 38, 2001, pp. 212-221 (em russo).

[31] G. Gogichaishvili, Soil water dynamic of middle erosion raw-humus and strong erosion yellowbrown soils of Uper Imereti during vegetation period, J. Bulletin of Georgian Agricultural Academy 10 (2002) 41-49

[32] L. Jprbenadze, Influência da medida de agromelhoramento das propriedades físico-hídricas dos solos solonets cinzento-cinamónicos de Kvemo Kartli, em: Proceeding of the M. Sabashvili Institute ofSoil Science, 2000, 251-260 (em russo).

[33] L. Gigani, I. Gomarteli, N. Tugushi, L. Jorbenadze, E. Svinomishvili, N. Varazashvili, Influência da irrigação e da lavoura na gestão da água - caracterizações físicas de solos afectados por sais cinzentos-cinamónicos, em: Proceedings of the M. Sabashvili Institute of Soil Science, 2003a, pp. 279-283 (em georgiano).

[1] } L. Gigani, I. Gomarteli, N. Tugushi, L. Jorbenadze, E. Svinomishvili, N. Varazashvili, Several physical indicators of salt effected soils of Kvemo Kartli, in: Proceeding of theM. Sabashvili Institute of Soil Science, 2003b, pp. 316-231 (em georgiano).

[35] G. Leonidze, Z. Manvelidze, A influência da vegetação da cintura de floresta mista de Ajarian na qualidade dos solos vermelhos, em: The problems of agrarian sciences, XX1V, 2003, pp. 21-24 (em georgiano).

[36] A.T. Urushadze, Teo T. Urushadze, A influência dos cinturões de proteção contra o vento nas propriedades hídricas dos solos aluviais, em: The problems of agrarian science, XXX1, 2005, pp. 67-70 (em

georgiano)

[37] O. Dvalishvili, The influence of heavy mechanism timber collection on the water protective and water-regulative properties of coniferous forests of Western Georgia, in: The problems of agrarian science, XXX1, 2005, pp. 131-134 (em russo).

[38] Z. Manvelidze, G. Leonidze, The influence of subalpine vegetation of Ajara on the main qualities of mountain-forest-meadow soils, in: The problems of agrarian science, XX1V, 2008, pp. 24-27 (em georgiano).

[39] G. Leonidze, Z. Manvelidze, A influência das bancadas de praia nas principais características dos solos castanhos-amarelos de Adjara, em: The problems of agrarian science, XXV, 2008, pp. 35-38 (em georgiano)

[40] L. Jorbenadze, R. Kakhadze, Regulação e estimativa do regime hídrico dos solos da planície de Kolkheti, em: Procedimentos da 1 conferência internacional "Proteção e utilização racional dos ecossistemas hídricos da planície de Kolkheti", 2013, pp. 92-98 (em georgiano).

[41] L. Jorbenadze, E. Mgebrishvili, Investigação, estimativa e regulação da constante hidrológica do sal do prado e dos solos solonetz do vale de Alazani, em: Procedimentos da conferência "Desenvolvimento sustentável bioeconómico da agricultura", 2013, pp. 582-585 (em georgiano).

[42] T. Urushadze, L. Jorbenadze, Propriedades físicas dos solos agrícolas aráveis da Geórgia Ocidental. J. Boletim da Universidade Nacional Agrária da Arménia, 3, 2016, 13-16.

[43] V. Khoperia, Para questão de métodos de consolidação de solos determinação atrito específico, об: Procedimentos do Instituto Agrícola da Geórgia, XV1, 1941, 94-96 (em georgiano).

[44] G. Tarasashvili, Meaning of the physica-chemistry properties of mountain soils in relation of erosion event, Proceeding of the Agricultural Institute of Georgia, XXXV1 (1951) 151-161 (em georgiano).

[45] O. Tsutsunasvili, Influence of irrigation on the physical-chemistry properties of vertic and colonets soils of Marneuli regions, em: Proceeding of the Institute of Soil Science, V, 1953, pp. 59-92 (em georgiano).

[46] G. Tarasashvili, V. Lataria, Influence of irrigation on changes of cinnamonic soils properties in Mukhrani experimental-education farming, Proceeding of the Agricultural Institute of Georgia, XLV11 (1958) 431-449 (em georgiano).

[47] V. Machavariani, Results of artificial irrigation on the different degree of wash off of soils, in: Proceeding of the Institute ofSoil Science, V, 1953, pp. 59-92 (em georgiano).

[48] R. Chkhikvishvili, V. Chkhivishvili, Influence of swell on the definition of bulk density and porosity in soil-ground, in: Proceeding of the Institute of Soil Science, X1, 1966, pp. 233-245 (em georgiano).

[49] V. Chkhikvishvili, R. Chkhivishvili, Agrophysical characterization of drainage soils of Kolkheti lowland, em: Proceedings of the Institute of Soil Science, X1, 1966, pp. 311-380 (em russo).

[50] V. Lataria, About physical-mechanical and technological properties of the meadow-cinnamonic soils of Georgia, Proceeding of the Agricultural Institute of Georgia, LXXV (1968) 187--197 (em georgiano).

[51] A. Ovcharenko, J. Kupa, Investigation of air changes in Yellow podzolicic-gley soils ofKolkheti lowland in relation of agromelioration measures, J. cultures, 4(1970) 112-119(em georgiano).

[52] S. Tsikarisvili, Agromelioration characteristic of soil cover of left bank of Alazani river, em: Proceeding ofthe Institute ofSoil Science, X111, 1971, pp. 261-271 (em georgiano).

[53] I. Motserelia, Some water-physical properties of the Yellow podzolicic-gley soils ofKolkheti lowland according their damping, J. cultures, 3 (1972) 105-108 (em georgiano).

[54] Z.Basiliaia, Influence of soil cultivation in tea plantation on it physical properties and air regime,

J. cultures, 5 (1972) 16-20 (em georgiano).

[55] A.P. Darjimanov, R.I. Papisov, Influência da receção de agro-melhoramento no tamanho das propriedades físicas dos solos podzólicos-galvânicos amarelos da planície de Kolkheti, J. Pochvovedenie, 4 (1973) 25-35 (em russo).

[56] V.A. Motserelia, Melioration and africultural use mastery ofKolkheti lowland, Agropromizdat, 1974.

[57] A. Ovcharenko, Some physical properties of podsol-gley soils and content of soil air on the different background of cultivation, in: Proceedings of the Institute of Soil Science, XV, 1974, pp. 100-112 (em georgiano).

[58] P. M. Burduli, A.R. Darjimanov, Algumas propriedades físicas do solo podzólico amarelo-gley de Kolkheti e conteúdo de ar do solo em diferentes contextos de cultivo, em: Procedimentos do Instituto de Ciência do Solo, XV, 1974, pp. 113-124 (em georgiano).

[59] G. Talakhadze, K. Mindeli, About high mountains soils of the south upland, Proceeding of the Agricultural Institute of Georgia, XCV11 (1976) 55-60 (em georgiano).

[60] A.D. Ovcharenko, Water-physical properties of Samgori valley soils, em: Proceeding of the Institute ofSoilScience, XL111, 1977, pp. 71-84 (em russo)).

[61] I. Anjaparidze, Characteristic of the soil cover of Digomi educatão-experimental farming, in: Procedimentos do Instituto Agrícola da Geórgia, 105, 1978, pp. 61-67 (em georgiano).

[62] A. Darjimanov, P. Burduli, L. Inasaridze, Caracterização agrofísica do maciço de Rion-Supsa da planície de Kolkheti, em: Proceedings of the Institute of Soil Science, X1X, 1978, pp. 178-184 (em georgiano).

[63] J. Machavariani, A. Ambokadze, Agrofarming characterization of Yellow podzolic-gley soils of Kolkheti lowland, in: Proceedings of the Institute of Soil Science, XX, 1979, pp. 316-231 (em georgiano).

[64] A. Ovcharenko, Influence of content af air and physical properties on harvest of tea leaf, in: Proceeding ofthe Institute ofSoil Science, XX1, 1980, pp. 119-131 (em georgiano).

[65] L. Gigani, Propriedades físico-hídricas do sal e do solonetz solis do vale Gardabani, em: Scientific proceeding of soils fertilite, 1983, pp. 183-191 (em georgiano).

[66] N. Iashvili, V. Amiranidze, Agrophysical characterization of Svaneti soils, em: Proceedings of the Institute ofSoil Science, XXV, 1984, pp. 119-131 (em georgiano).

[67] A. Makharadze, G. Kvijinadze, V. Urushadze, The effectiveness of some agrimeliorayion measures of improvement water-air and physical properties of heavy mineral soils of West Georgia, J. cultures, 5 (1985) 18-22 (em georgiano).

[68] V. Kipnis, Z. Manvelidze, The htdro-physical properties and water movement peculiarities of red soils, J. cultures, 4 (1986) 147-152 (em georgiano).

[69] D. Dolidze, V. Amiranidze, Propriedades agrofísicas de solos de restauração de paisagens técnicas da Geórgia, em: Questions of promotion of fertile soil's, Proceeding of scientific works, XXV11, 1987, pp. 5492 (em russo).

[70] Yu. N. Chachava, N.A. Eroshkina, G.N. Vukolov, Algumas peculiaridades de solos aluviais-gley em relação ao seu uso sob citros de solos férteis, em: Questões de promoção de solos férteis, Procedimentos de trabalhos científicos, XXV111, 1988, pp. 111-136 (em russo).

[71] A. Tkebuchava, About different level of available water for the tea culture on the Yellow podzolicic gley soils on Kolkheti lowland, J. cultures 1 (1989) 17-21 (em georgiano).

[72] O. Dvalishvili, Influência de tiras de madeira natural anti-erosão de diferentes modelos nas propriedades físicas básicas e na estabilidade erosiva do solo, em: The problems of agrarian science, XXX1,

2005, pp. 69-74 (em georgiano).

[73] L. Jorbenadze, N. Tugushi, R. Lolishvili, Influência da mineralização da água subterrânea no processo de salinização dos solos na planície de Alazani em condições de rega incorrectas. in: Procedimentos do Instituto M. Sabashvili de Ciência do Solo, XXXX, 2008, pp. 316-231 (em georgiano).

[74] T. Urushadze, E. Sanadze, T. Kvrivishvili, Correlation of andosols and soils located in Akhalkalaki volcanic plateau, Coleção de trabalhos científicos, Universidade Agrária Estatal da Geórgia, vol.2 # 4 (49) 2009, 11-15 (em georgiano)

[75] Editores: E.V. Shein, L. O. KarpachevskyTheories and Methods of Soil Physics, Grif e K, 2007 (ред. Е. В. Шеин и Л. О. Карпачевский, Теории и методы физики почв, Гриф и К, 2007

[76] L. T. Jorbenadze, T. F. Urushadze, T. T. Urushadze, I. O. Kunchulia, Propriedades físicas dos solos da Geórgia, Annals of Agrarian Science, Vol. 15, N2, 2017

Outros mapas

Densidade a granel

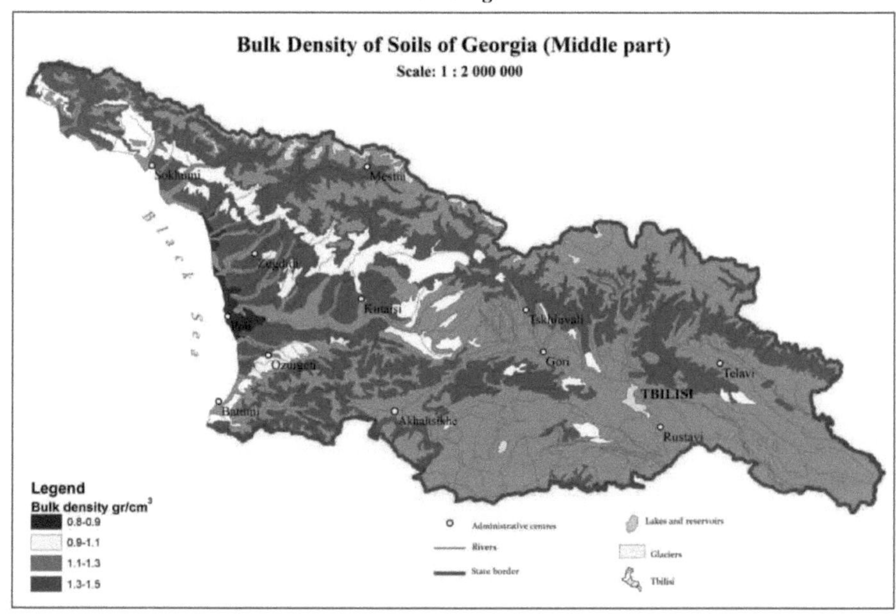

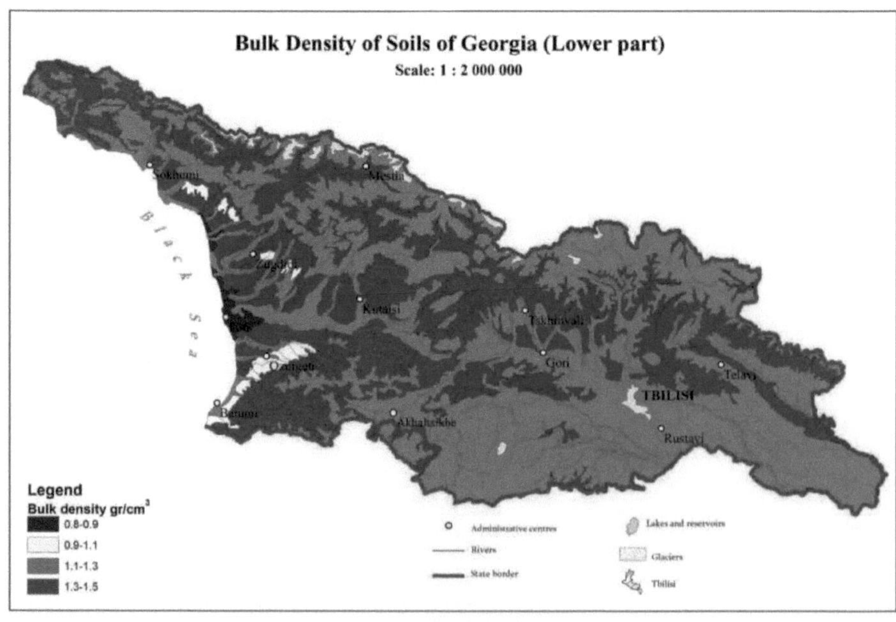

Porosidade capilar

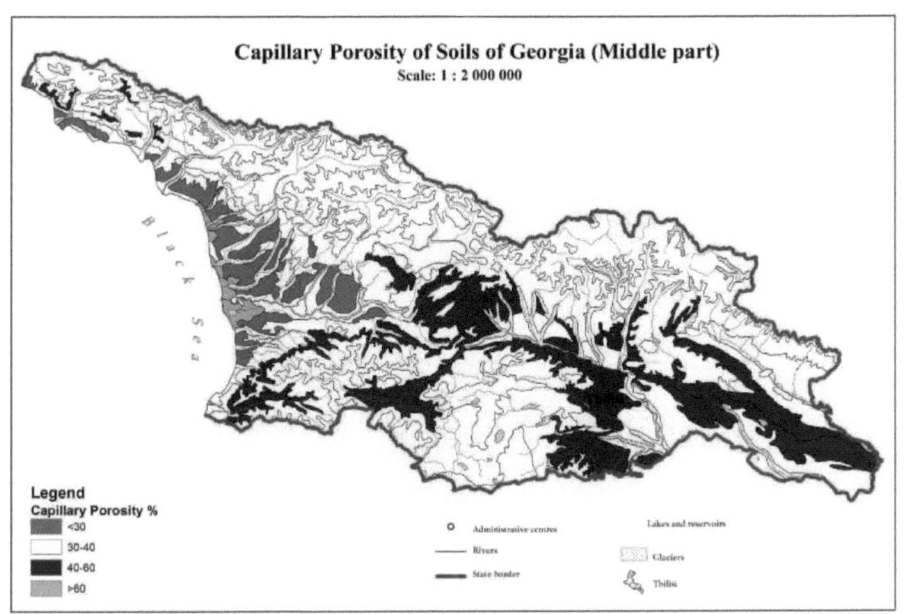

Capillary Porosity of Soils of Georgia (Middle part)
Scale: 1 : 2 000 000
Black Sea
Legend
Capillary Porosity %
<30
30-40
40-60
>60
Administrative centres
Rivers
State border
Lakes and reservoirs
Glaciers
Tbilisi

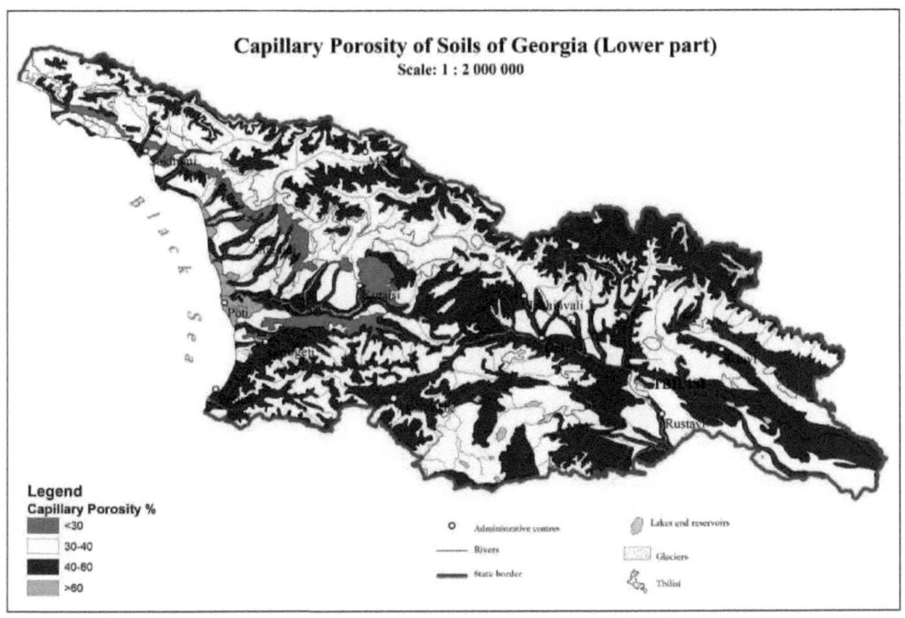

Capillary Porosity of Soils of Georgia (Lower part)
Scale: 1 : 2 000 000
Black Sea
Poti
Kutaisi
Rustavi
Legend
Capillary Porosity %
<30
30-40
40-60
>60
Administrative centres
Rivers
State border
Lakes and reservoirs
Glaciers
Tbilisi

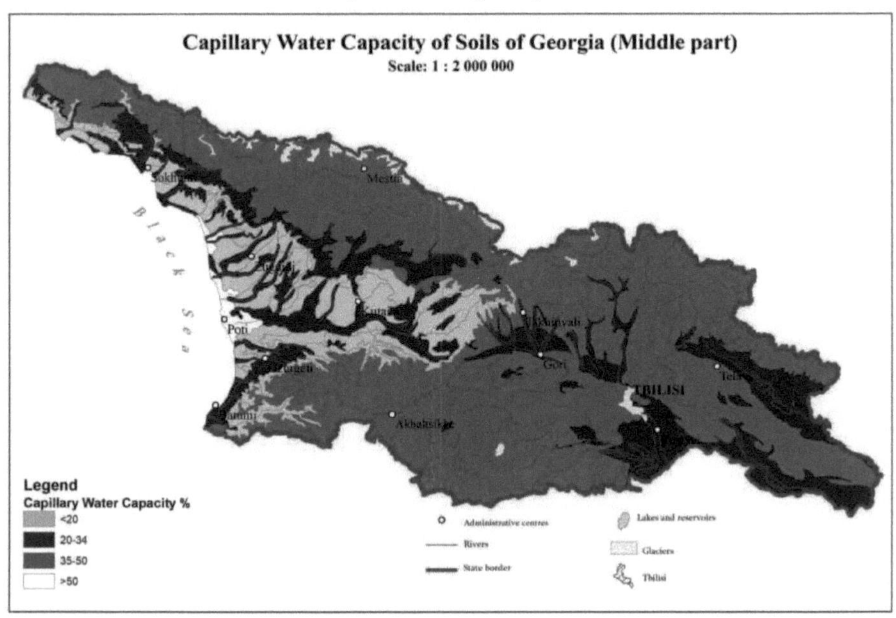

Capillary Water Capacity of Soils of Georgia (Middle part)
Scale: 1 : 2 000 000
Black Sea
Mestia
Kutaisi
Poti
Ozurgeti
Batumi
Akhaltsikhe
Tskhinvali
Gori
TBILISI
Telavi
Legend
Capillary Water Capacity %
<20
20-34
35-50
>50
Administrative centres
Rivers
State border
Lakes and reservoirs
Glaciers
Tbilisi

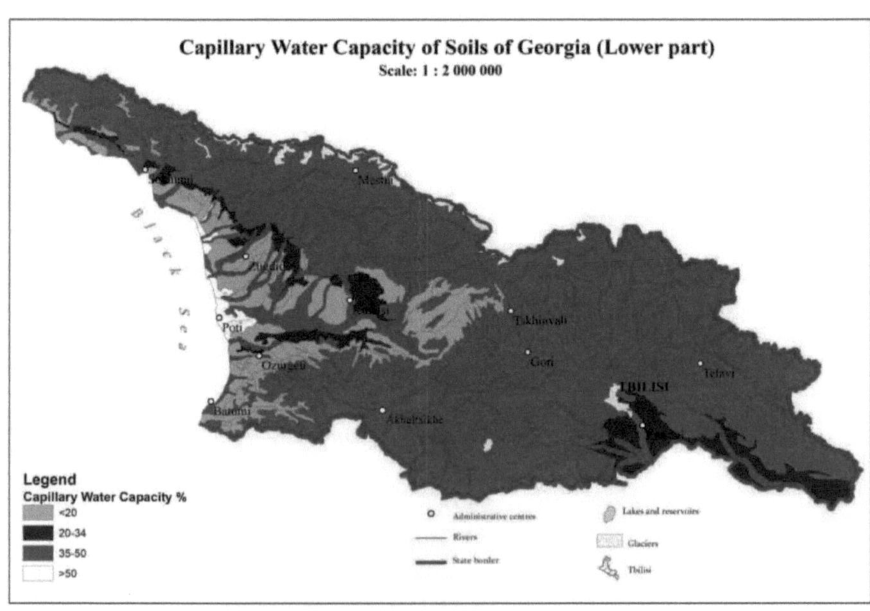

Capillary Water Capacity of Soils of Georgia (Lower part)
Scale: 1 : 2 000 000
Black Sea
Mestia
Poti
Ozurgeti
Batumi
Akhaltsikhe
Tskhinvali
Gori
TBILISI
Telavi
Legend
Capillary Water Capacity %
<20
20-34
35-50
>50
Administrative centres
Rivers
State border
Lakes and reservoirs
Glaciers
Tbilisi

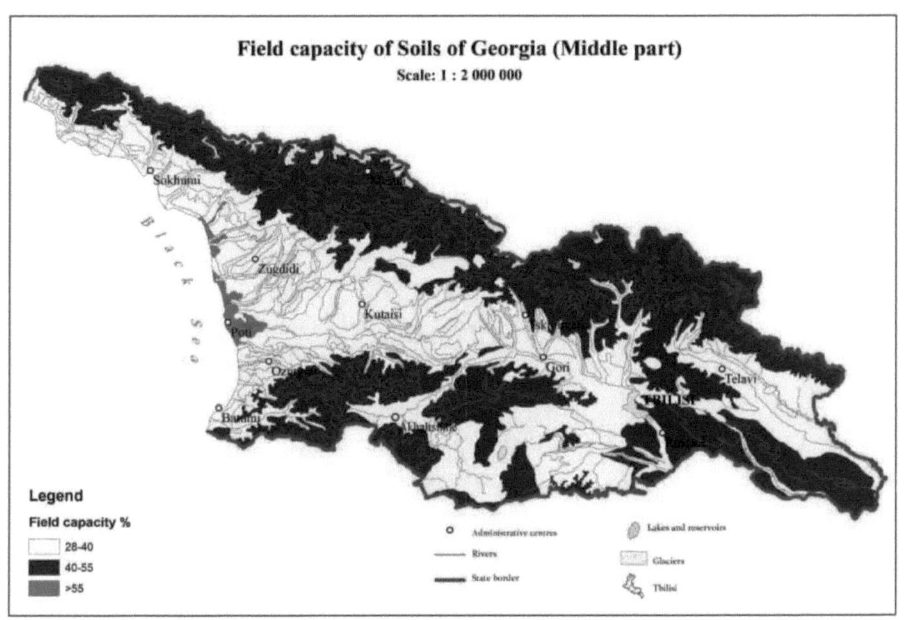

Field capacity of Soils of Georgia (Middle part)
Scale: 1 : 2 000 000
Sokhumi
Zugdidi
Kutaisi
Poti
Ozu
Gori
Telavi
Batumi
Akhaltsikhe
TBILISI
Black Sea
Legend
Field capacity %
28-40
40-55
>55
Administrative centres
Rivers
State border
Lakes and reservoirs
Glaciers
Tbilisi

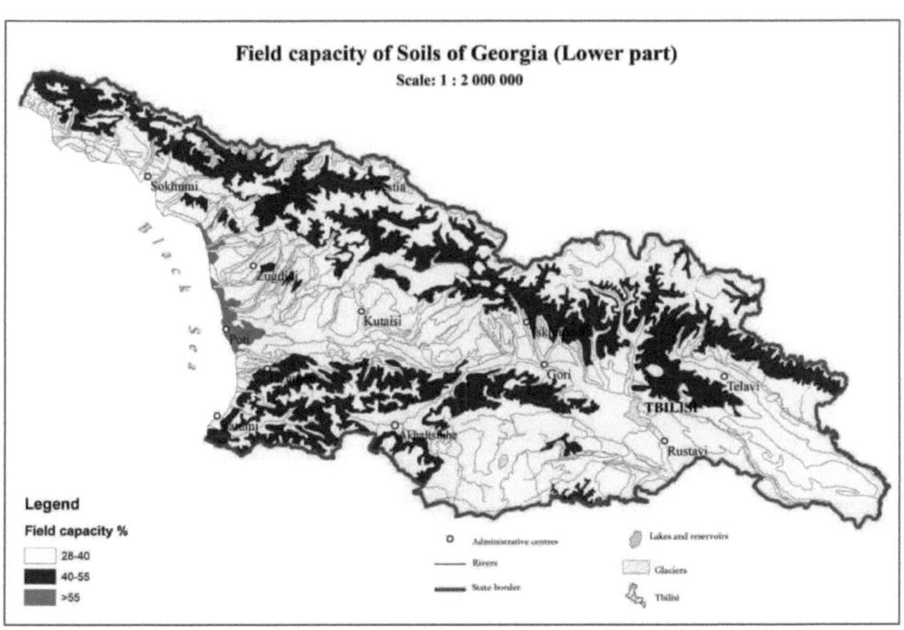

Field capacity of Soils of Georgia (Lower part)
Scale: 1 : 2 000 000
Sokhumi
Zugdidi
Kutaisi
Poti
Gori
Telavi
TBILISI
Akhaltsikhe
Rustavi
Black Sea
Legend
Field capacity %
28-40
40-55
>55
Administrative centres
Rivers
State border
Lakes and reservoirs
Glaciers
Tbilisi

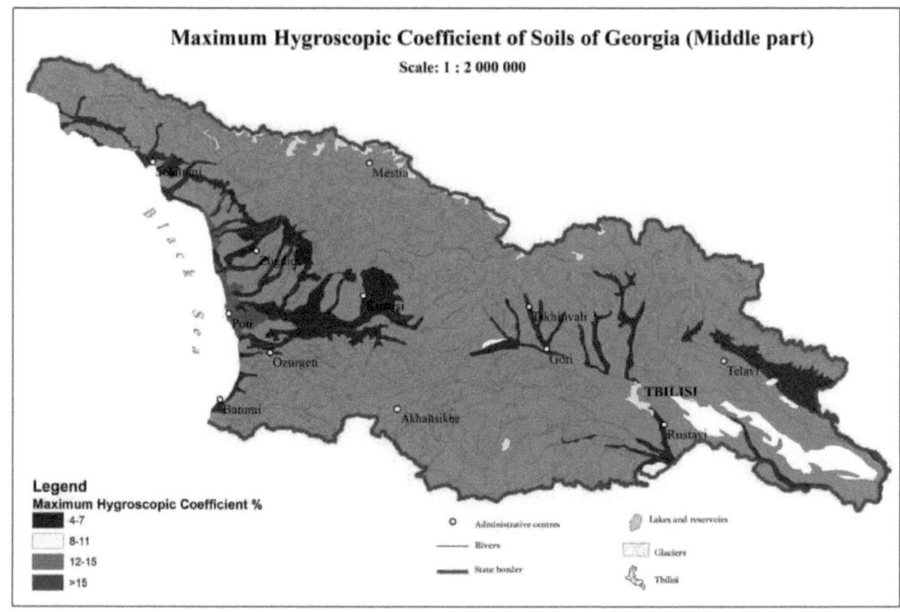

Maximum Hygroscopic Coefficient of Soils of Georgia (Middle part)
Scale: 1 : 2 000 000
Sokhumi
Mestia
Black Sea
Zugdidi
Poti
Kutaisi
Tskhinvali
Ozurgeti
Gori
Telavi
Batumi
TBILISI
Akhaltsikhe
Rustavi
Legend
Maximum Hygroscopic Coefficient %
4-7
8-11
12-15
>15
Administrative centres
Rivers
State border
Lakes and reservoirs
Glaciers
Tbilisi

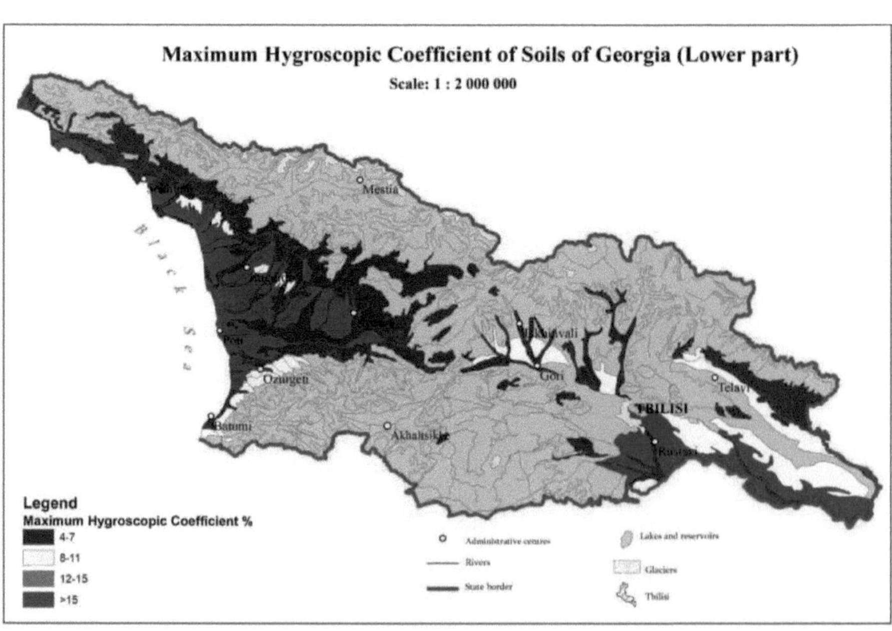

Maximum Hygroscopic Coefficient of Soils of Georgia (Lower part)
Scale: 1 : 2 000 000
Mestia
Black Sea
Zugdidi
Poti
Tskhinvali
Ozurgeti
Gori
Telavi
Batumi
TBILISI
Akhaltsikhe
Rustavi
Legend
Maximum Hygroscopic Coefficient %
4-7
8-11
12-15
>15
Administrative centres
Rivers
State border
Lakes and reservoirs
Glaciers
Tbilisi

Porosidade não capilar

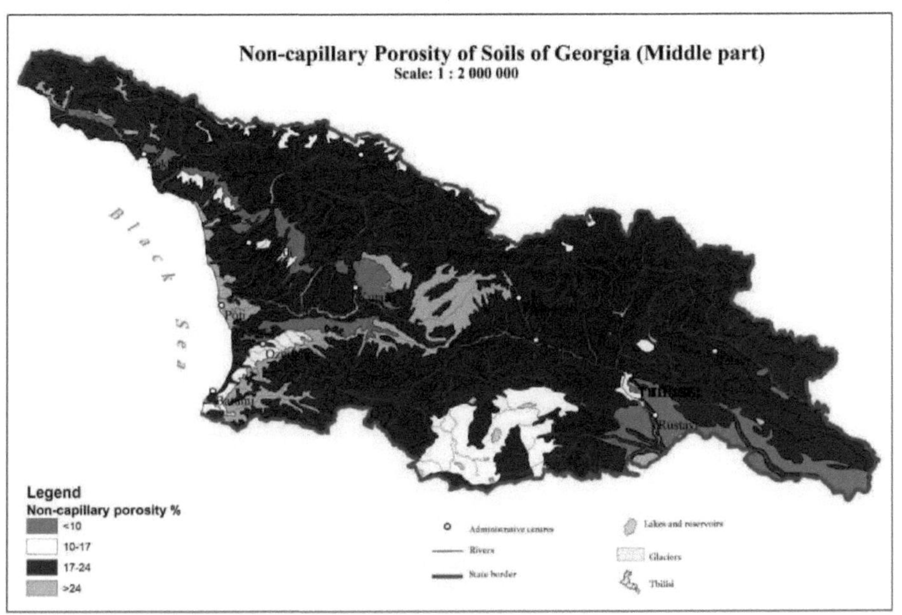

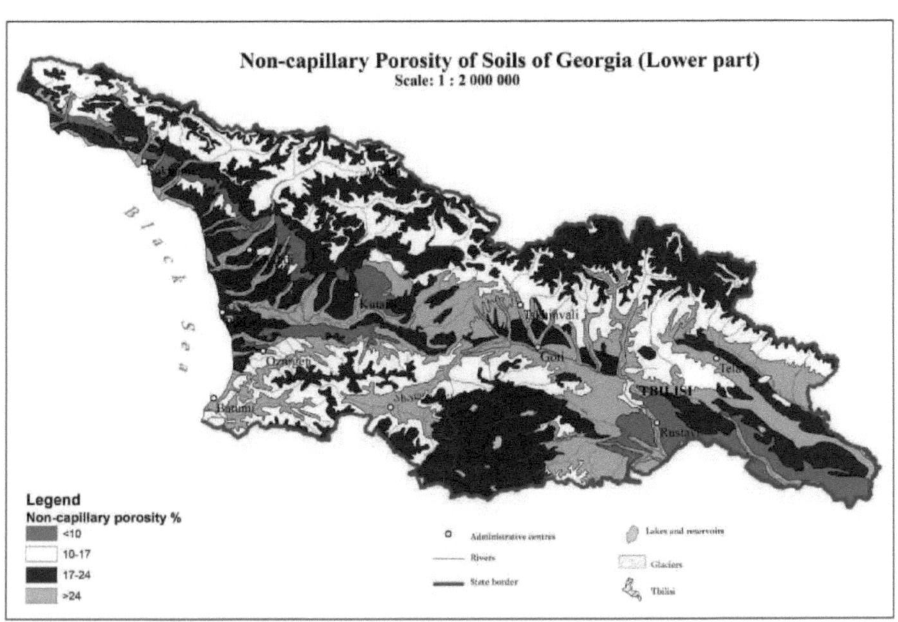

Densidade das partículas

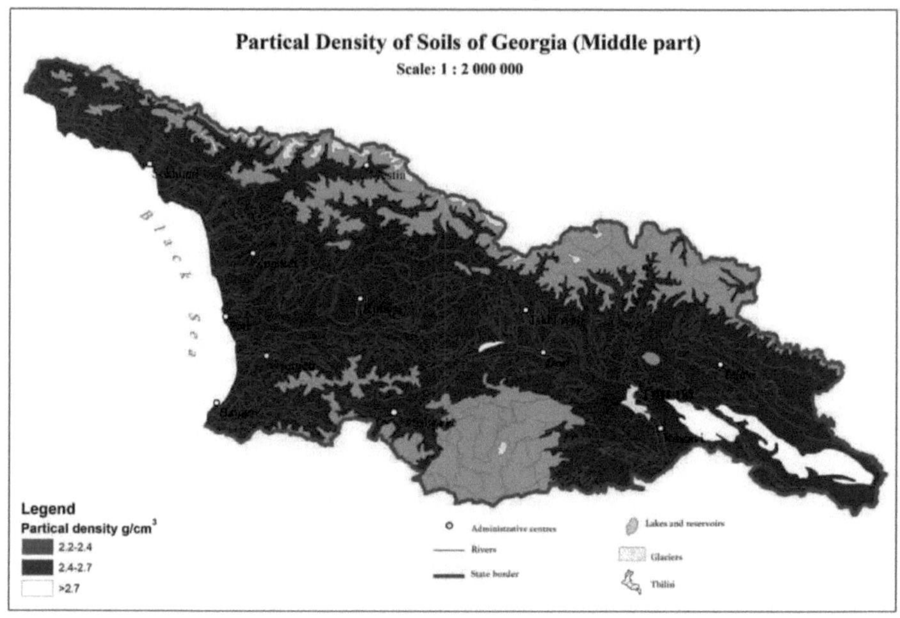

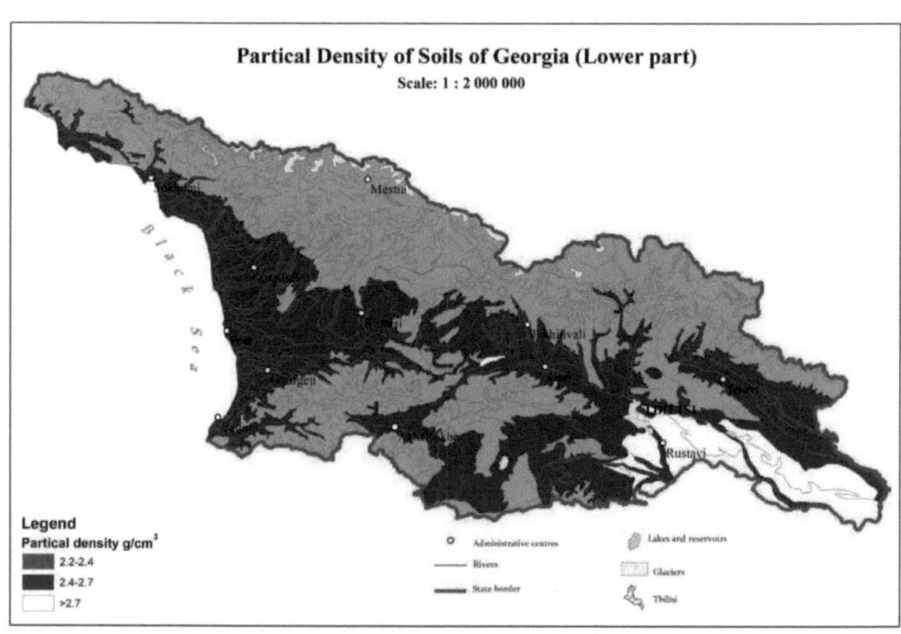

Ponto de murcha permanente

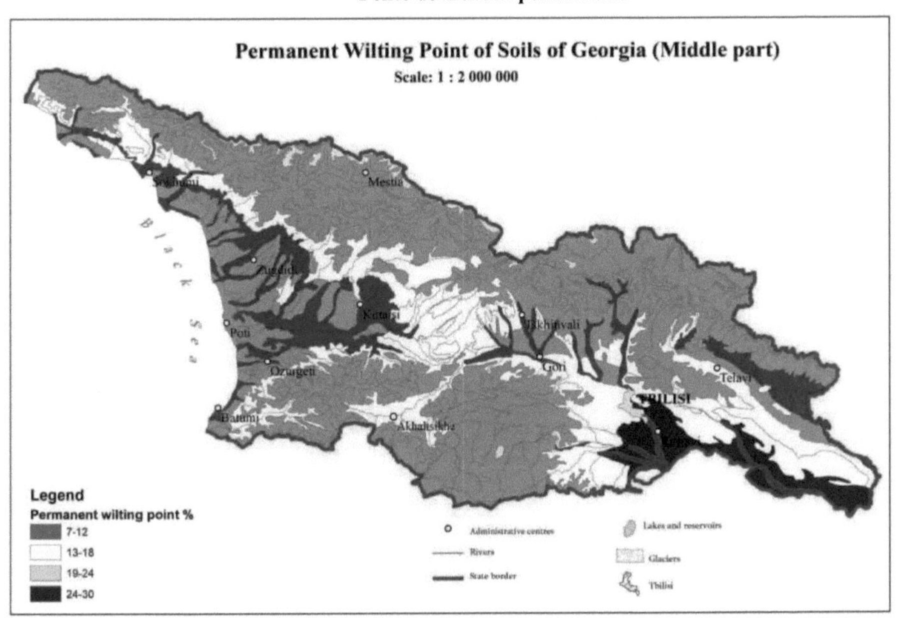

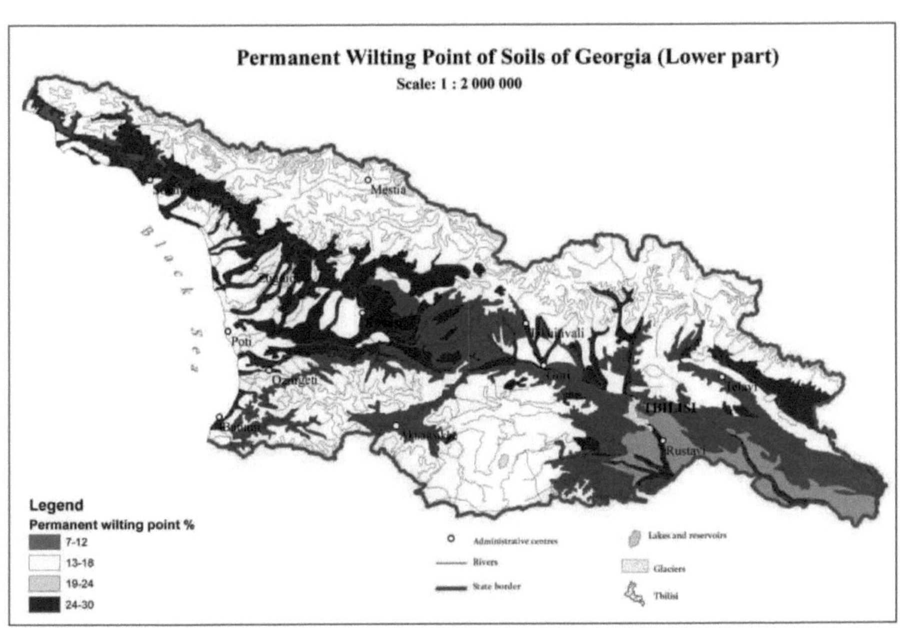

Poros com ar

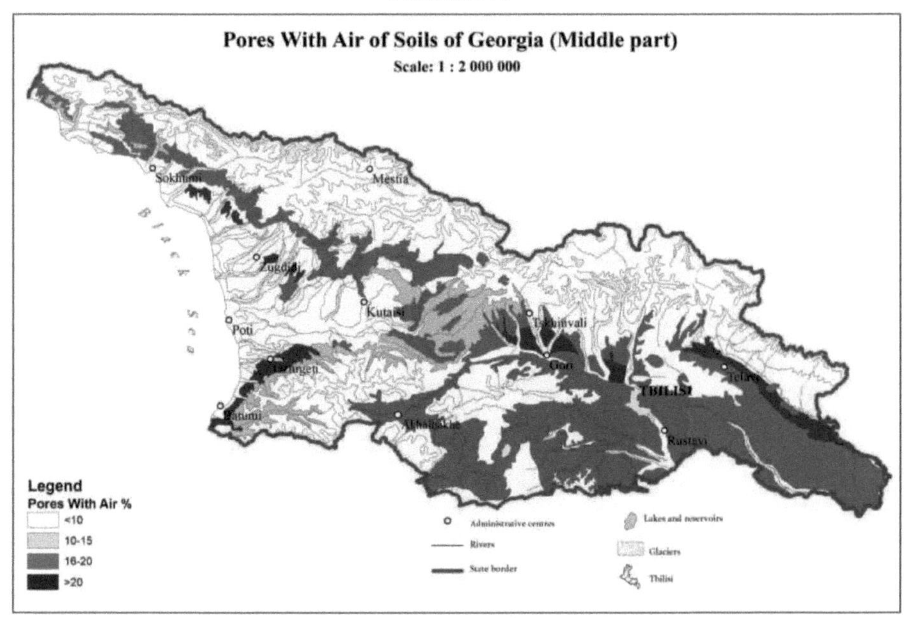

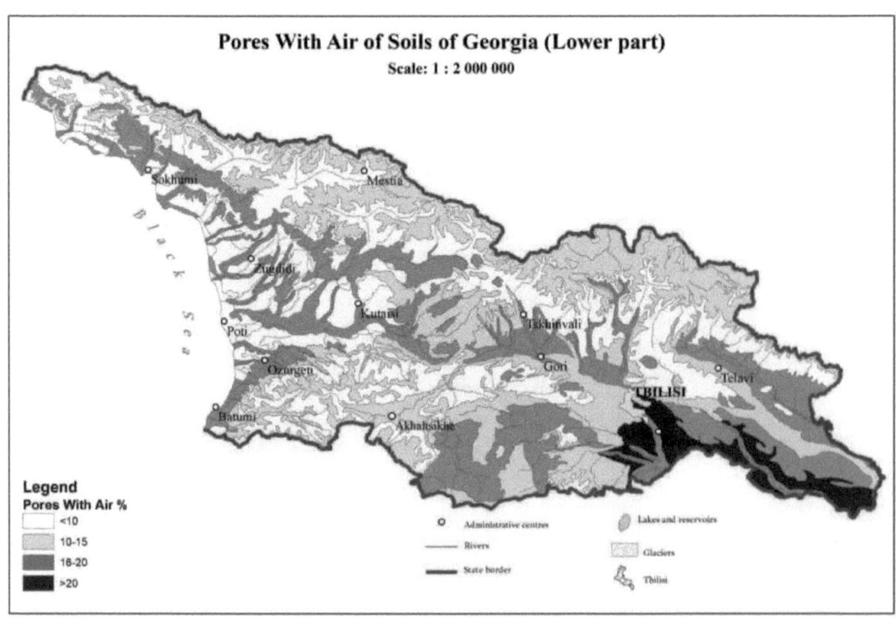

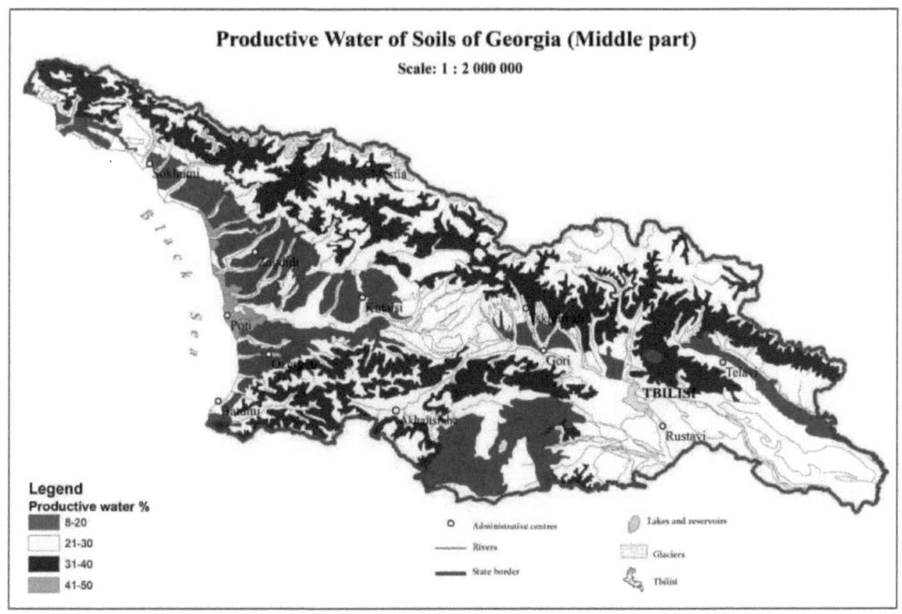
Productive Water of Soils of Georgia (Middle part)
Scale: 1 : 2 000 000
Black Sea
Sokhumi
Zugdidi
Kutaisi
Poti
Gori
Telavi
TBILISI
Akhaltsikhe
Rustavi
Batumi
Legend
Productive water %
8-20
21-30
31-40
41-50
Administrative centres
Rivers
State border
Lakes and reservoirs
Glaciers
Tbilisi

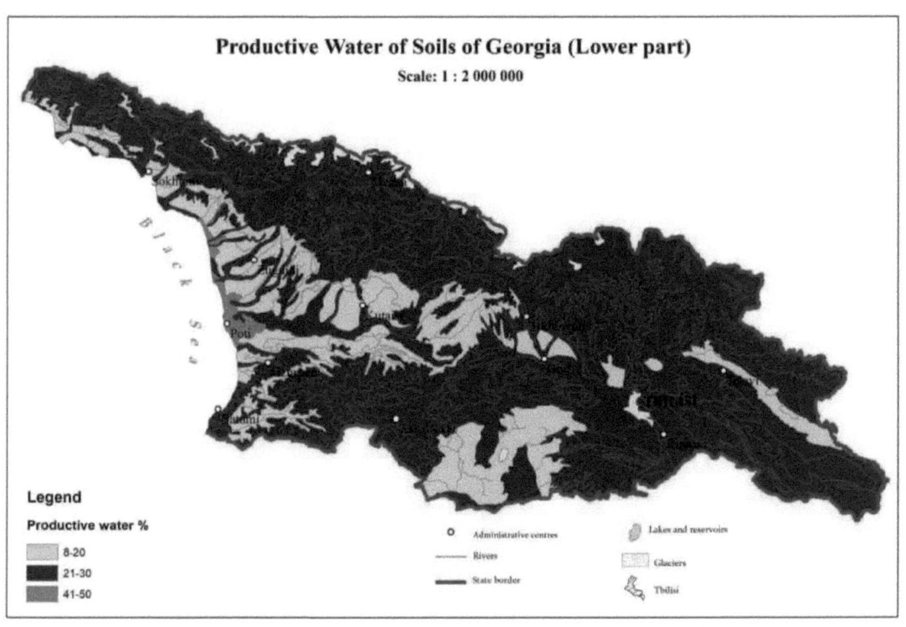
Productive Water of Soils of Georgia (Lower part)
Scale: 1 : 2 000 000
Black Sea
Sokhumi
Poti
Legend
Productive water %
8-20
21-30
41-50
Administrative centres
Rivers
State border
Lakes and reservoirs
Glaciers
Tbilisi

Teor de água de saturação

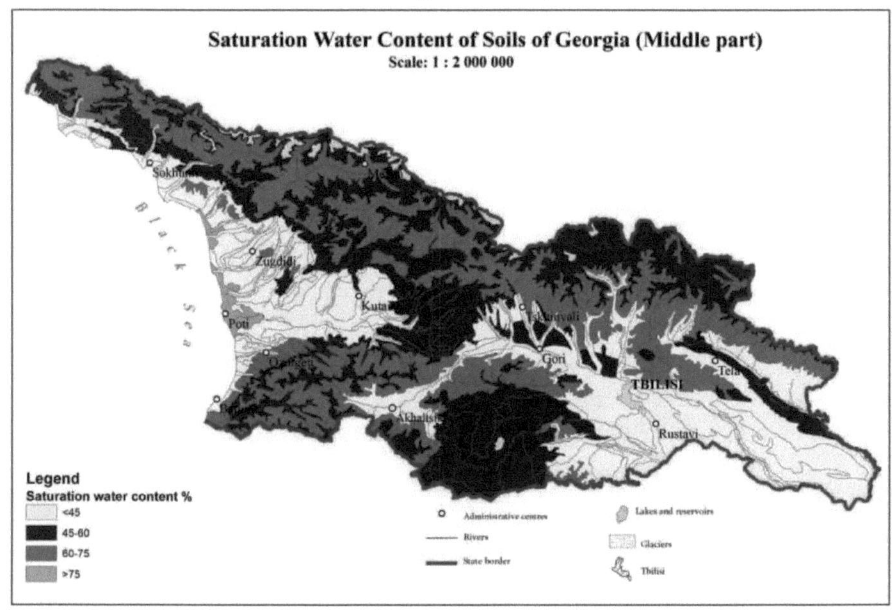

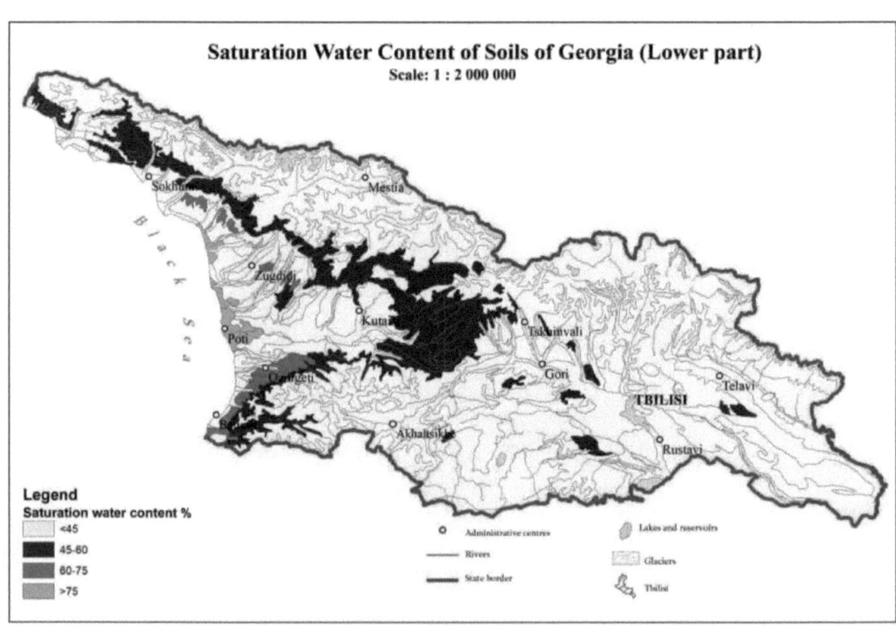

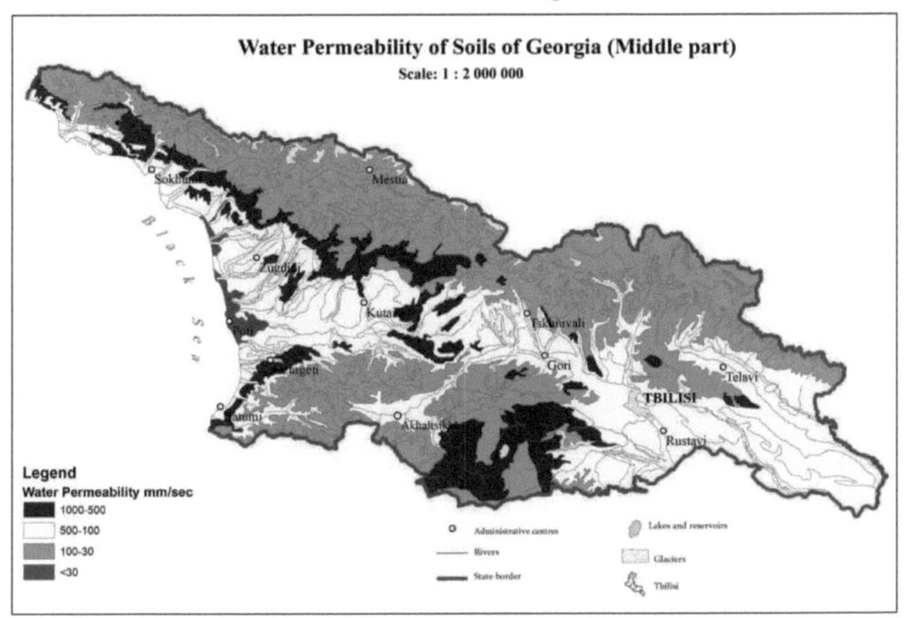

Water Permeability of Soils of Georgia (Middle part)
Scale: 1 : 2 000 000
Black Sea
Sokhumi
Mestia
Zugdidi
Kutaisi
Tskhinvali
Poti
Gori
Telavi
Zugdidi
Batumi
TBILISI
Akhaltsikhe
Rustavi
Legend
Water Permeability mm/sec
1000-500
500-100
100-30
<30
Administrative centres
Rivers
State border
Lakes and reservoirs
Glaciers
Tbilisi

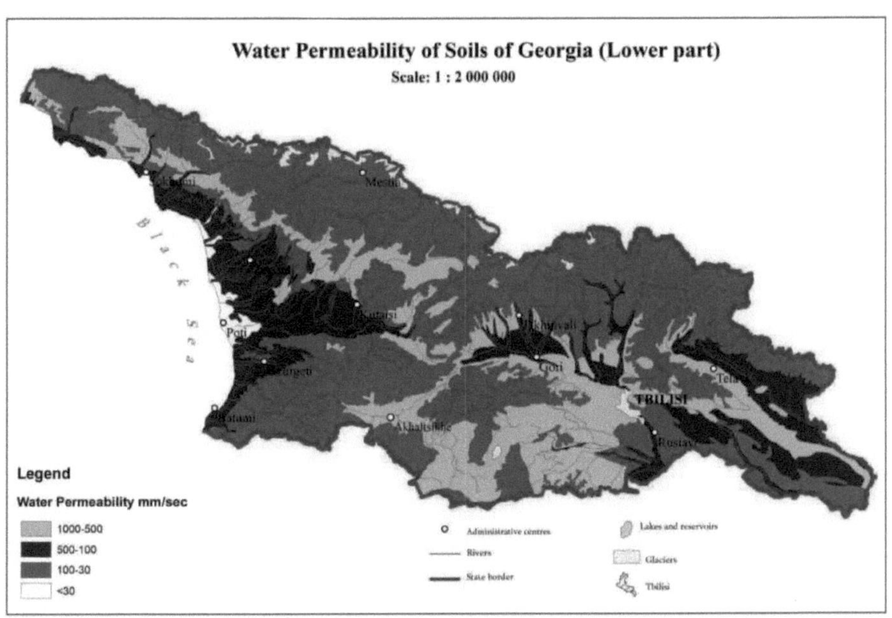

Water Permeability of Soils of Georgia (Lower part)
Scale: 1 : 2 000 000
Black Sea
Sokhumi
Mestia
Kutaisi
Tskhinvali
Poti
Gori
Telavi
Zugdidi
Batumi
TBILISI
Akhaltsikhe
Rustavi
Legend
Water Permeability mm/sec
1000-500
500-100
100-30
<30
Administrative centres
Rivers
State border
Lakes and reservoirs
Glaciers
Tbilisi

More
Books!

info@omniscriptum.com
www.omniscriptum.com
OMNIScriptum